国学经典藏书

小窗幽记

刘晓萱　译注

吉林大学出版社
长　春

图书在版编目（CIP）数据

小窗幽记 / 刘晓萱译注 . — 长春 : 吉林大学出版社，2021.6
（国学经典藏书）
ISBN 978-7-5692-8561-1

Ⅰ . ①小… Ⅱ . ①刘… Ⅲ . ①人生哲学 – 中国 – 明代 ②《小窗幽记》– 译文③《小窗幽记》– 注释 Ⅳ . ① B825

中国版本图书馆 CIP 数据核字（2021）第 142567 号

国学经典藏书：小窗幽记
GUOXUE JINGDIAN CANGSHU: XIAOCHUANG YOUJI

作　　者：刘晓萱 译注
策划编辑：魏丹丹
责任编辑：殷丽爽
责任校对：陶　冉
装帧设计：蒋宏工作室
开　　本：880mm × 1230mm　1/32
字　　数：228 千字
印　　张：11
版　　次：2021 年 6 月第 1 版
印　　次：2023 年 7 月第 2 次印刷

出版发行：吉林大学出版社
地　　址：长春市人民大街 4059 号（130021）
0431-89580028/29/21
http://www.jlup.com.cn
E-mail:jdcbs@jlu.edu.cn
印　　刷：河北松源印刷有限公司

ISBN 978-7-5692-8561-1　　　　**定价**：40.00 元

编者的话

经典是人类知识体系的根基,是人类的精神家园,是我们走向未来的起点。莎士比亚说过:“生活里没有书籍,就好像没有阳光;智慧里没有书籍,就好像鸟儿没有翅膀。”21世纪中国国民的阅读生活中最迫切的事情是什么?我们的回答是阅读经典!

中国有数千年一脉相传、光辉灿烂的文化,并长期处于世界文化发展的前列,尤其是在近代以前,曾长期引领亚洲乃至世界文化的发展方向。长期超稳定的社会发展形态和以小农生产为基础的、悠闲的宗法农业社会,塑造了中华民族注重实际、过分地偏重经验、重视历史的文化心理特征。从殷商时代的“古训是式”(《诗经·大雅·烝民》),到孔子的“述而不作,信而好古”(《论语·述而》),可以清楚地看出这种文化心理不断强化的轨迹。于是,历史就被赋予了神圣的光环,它既是人们获得知识的源泉,也是人们价值标准的出处。它不再是僵死的、过去的东西,而是生动活泼、富有生命力,并对现世仍有巨大指导作用的事实。因而就形成了这样一种固定的文化思维方式,也就是“以铜为鉴,可正衣冠;以古为鉴,可知兴替;以人为鉴,可明得失”(《新唐书·魏徵传》)。中国的文化人世代相承,均从历史中寻求真理,寻求“修身、齐家、治国、平天下”的崇高理想模式。

这种对于历史所怀有的深沉强烈的认同感,正是历史典籍赖以发展、繁荣的文化心理基础。历史上最初给历史典籍的研究和整理工作涂上政治、道德和伦理色彩的是春秋时期的孔子。当时的孔子因感“周室微而礼乐废、《诗》《书》缺”,于是乃删订了《诗》《书》《礼》《乐》《易》《春秋》等“六经”(见《史记·孔子世家》),寄托了自己在政治上“复礼”和道德上“归仁”的最高理想。孔子以后,历史典籍的编撰无不遵循着这一最高原则。所以《隋书·经籍志》总序中就说:“夫经籍也者,机神之妙旨,圣哲之能事。所以经天地,纬阴阳,正纲纪,弘道德,显仁足以利物,藏用足以独善……其王者之所以树风声,流显号,美教化,移风俗,何莫由乎斯道?……其教有适,其用无穷,实仁义之陶钧,诚道德之橐籥也。……夫仁义礼智,所以治国也;方技数术,所以治身也。诸子为经籍之鼓吹,文章乃政化之黼黻,皆为治国之具也。”(《隋书·经籍志一》)由此可见,历史典籍的编撰整理工作,已不仅仅是文化技术问题,更重要的是它还负有“正纲纪,弘道德”的政治和道德使命。于是,在两千多年的历史发展过程中,先人们为我们留下了汗牛充栋的文化典籍。这些宝贵的精神财富,不仅是我们中华民族的骄傲,也是全人类的骄傲,并已成为世界文化宝藏的重要组成部分。

中国的先哲们一向对古代典籍充满崇敬之情,他们认为,先王之道、历史经验、人伦道德以及治国安邦之术、读书治学之法等等,都蕴藏于典籍之中。文献典籍是先王之道、历史经验、人伦道德等赖以传递后世的重要手段。离开书籍,后人将无法从前朝吸取历史经验,无法传承先王之道。在日新月异的当代,如何对待这份优秀的文化遗产?毛泽东同志早就指出:“中国的长期封建社会中,创造了灿烂的古代文化。清理古代文化的发展过程，剔除其封建性的糟粕，吸取其民主性的精华，是发展民族新文化、提高民族自信心的必要条件。……中国现时的新文化也是从古代的旧文化发展而来，因此，我们必须尊重自己的历史，决不能割断历史。但是，这种尊重是给历史以一定的科学地位，是尊重历史的辩证法的发展，而不是颂古非今。”（毛泽东《新民主主义论》）古代典籍，不仅对中华民族的形成与发展历史地发挥了巨大的凝聚力作用，而且在当今中华民族伟大复兴中，依然会发挥无可替代的重要作用。

在科学技术迅猛发展的当代社会，人们的生活、观念正在发生着巨大而深刻的变革，面对蓬勃发展的现代科技和汹涌而至的各种思潮，人们依然能深切地感受到中国传统文化无所不在的巨大力量。人们渴望了解这种无形的力量源泉，于是绚丽多姿的中华典籍就成了人们首要的选择。它能够使我们在精神上成为坚强、忠诚和有理智的人，成为能够真正爱人类、尊重人类劳动、衷心地欣赏人类的伟大劳动所产生的美好果实的人。所以，在今天，我们要阅读经典；当数字化、网络化带来的“信息爆炸”占领人们的头脑、占用人们的时间时，我们要阅读经典；当中华民族迈向和平崛起和民族复兴的伟大征程时，我们更要阅读经典。因此，读经典，这个我们习以为常的平凡过程，实际上就成了人的心灵和上下古今一切民族的伟大智慧相结合的过程。但由于时代的变迁，这些经典对现代人来说已是谜一样的存在。为继承这份优秀的文化遗产，帮助人们更好地利用这些经典，在全国学术界诸多专家学者的支持下，我们策划了这套“国学经典藏书”丛书。

丛书以弘扬传统、推陈出新、汇聚英华为宗旨，以具有中等以上文化程度的广大读者为对象，从我国古代经、史、子、集四部典籍中精选50种，以全注全译或节选的形式结集出版。在书目的选择上，重点选取我国古代哲学、历史、地理、文学、科技、教育、生活等领域历经岁月洗礼、汇聚人类最重要的精神创造和知识积累的不朽之作。既注重选取历史上脍炙人口、深入人心的经典名著，又注重其适应现代社会的人文价值趋向。丛书不仅精校原文，而且从前言、题解，到注释、译文，均在吸收历代学者研究成果的基础上精心编撰。在注重学术性标准的基础上，尽量做到通俗易懂。我们相信，本丛书的出版，对提高人们的古代典籍认知水平，阅读和利用中华传统经典，传播中华优秀文化，提高人们的民族自信心和文化自豪感，进而为中华民族伟大复兴做贡献，均将起到应有的作用。高尔基说："书籍是人类进步的阶梯。""要热爱读书，它会使你的生活轻松，它会友爱地帮助你了解纷繁复杂的思想、感情和事件；它会教导你尊重别人和你自己；它以热爱世界、热爱人类的情感，来鼓舞智慧和心灵。""当书本给我讲到闻所未闻、见所未见的人物、感情、思想和态度时，似乎是每一本书都在我面前打开一扇窗户，并让我看到一个不可思议的新世界。""每一本书是一级小阶梯，我每爬一级，就……更接近美好生活的观念，更热爱这书"（《高尔基论青年》，中国青年出版社1956年版）。流传千年的文化经典，让我们受益匪浅，使我们懂得更多。正如德国著名作家歌德所说："读一本好书，就是和一位品德高尚的人谈话。"的确，读一本好书，就像是结交了一位良师益友。我们真诚希望，这套经典丛书能够真正进入您的生活，成为人人应读、必读和常读的名著。

陈　虎

庚子岁孟秋

前　言

《小窗幽记》是一部将处世哲学、生活艺术、审美情趣融合在一起的著作，集晚明清言小品之大成。此书与明代洪应明《菜根谭》、清代王永彬《围炉夜话》并称为修身养性的三大奇书。

《小窗幽记》旧题为明代陈继儒所作。陈继儒（1558—1639），字仲醇，号眉公、麋公、眉道人、空青公、清懒居士。南直松江府华亭（今上海松江）人。出身贫寒，少时读书颖异。二十九岁时，三应乡试不举，乃取儒生衣冠焚弃之，从此不应科考。陈继儒多才艺，善鼓琴，通词曲，能诗文。为人重情义，守诺言，广交各类文人、商贾及方外人士，“大隐”之名渐播天下。钱谦益称其为“通隐”，《列朝诗集》中言“眉公之名倾动寰宇，远而夷酋土司，咸丐其词章，近而酒楼茶馆，悉悬其画像。甚至穷乡小邑，鬻粔妆、市盐豉者，胥被以眉公之名，无得免焉”。平生著作纷纭，明末各种刊本层出不穷，真伪杂陈，多有不可辨者。

关于《小窗幽记》的真实作者，一直以来存有争议。越来越多的研究表明，此书是清乾隆三十五年崔维东将明天启四年陆绍珩辑刊《醉古堂剑扫》改名为《小窗幽记》，并假托于陈继儒名下。

全书分为醒、情、峭、灵、素、景、韵、奇、绮、豪、法、倩十二卷。书中内容涵盖面颇广，上起先秦，下迄明末，儒、释、道及诸子百家的著作，均有涉及，诗词歌赋，应有尽有。其纂辑的方法，或抄录原文，或摘取精华，或重组改造，不一而足。所列诸条格言警句，短小精美，透露着哲学的光芒，闪烁着不为世俗所拘、追求自由的色彩。书中提及的处世之道、待人接物之法，是对中国传统文化的深度提炼，促人警醒，引人深思。

本书的整理，以1935年中央书店国学珍本文库本为底本。译注过程中参考了多位前贤及时贤的注本，如黄浩译评《小窗幽记》（吉林文史出版社，1999年），罗立刚校注《小窗幽记》（上海古籍出版社，2000年），陈桥生《小窗幽记正宗》（华夏出版社，2012年），许贵文《小窗幽记译注》（辽宁教育出版社，2012年）等，在此表示衷心感谢。由于本人学力有限，书中难免出现错误，恳请广大读者不吝赐教。

刘晓萱

2020年6月

序

太上立德,其次立言。言者,心声,而人品学术,恒由此见焉。无论词躁、词險、词烦、词支,徒蹈尚口之戒,倘语大而夸,谈理而腐,亦岂可以为训乎?然则欲求传世行远,名山不朽,必贵有以居其要矣。眉公先生负一代盛名,立志高尚,著述等身,曾集《小窗幽记》以自娱,泄天地之秘笈,撷经史之菁华,语带烟霞,韵谐金石,醒世持世,一字不落言筌。挥麈风生,直夺清谈之席;解颐语妙,常发斑管之花。所谓端庄杂流漓,尔雅兼温文,有美斯臻,无奇不备。夫岂卮言无当,徒以资覆瓿之用乎?许昌崔维东博学好古,欲付剞劂,以公同好,问序于余,因不辞谫陋,特为之弁言简端。

乾隆三十五年岁次庚寅春月,昌平陈本敬仲思氏书于聚星书院之谢青堂。

目　录

卷 一

〔题解〕

“醒”是《小窗幽记》第一卷，所列的是有关如何在俗世中保持“醒”的状态的良言警句。何为“醒”？“醒”即是在浊世中保持自己的初心，不为功名利禄所牵绊，面对诱惑时坚持立场和底线。

作者在这一卷中指出当时之世人在声色犬马、灯红酒绿的环境里醉生梦死，在朝堂市井中追名逐利，描绘了一幅从上到下都昏昏然的社会画卷。由此更显现出“醒”这种状态的可贵。在“众人皆醉”的大环境里，保持“我独醒”的状态，代表着对世事不肯妥协的人生态度，是对自己负责的表现，同时也意味着要直面孤独和困难，承担责任。

醒

食中山之酒①，一醉千日。今之昏昏逐逐②，无一日不醉。趋名者醉于朝，趋利者醉于野，豪者醉于声色车马。安得一服清凉散③，人人解醒④？集醒第一。

〔注释〕

①中山之酒：中山，春秋战国时期诸侯国中山国。东晋干宝《搜神记》

卷十九:“狄希,中山人也。能造千日酒,饮之千日醉。”

②昏昏:糊涂貌。《孟子·尽心下》:“贤者以其昭昭使人昭昭,今以其昏昏使人昭昭。”逐逐:急于逐利的样子。《周易·颐》:“虎视眈眈,其欲逐逐。”

③清凉散:中药名,能清热,服之使人身心清凉。

④酲(chéng):病酒,酒醉后头脑昏沉、身体困乏的状态。《诗·小雅·节南山》:“忧心如酲,谁秉国成?”

〔译文〕

饮了中山人狄希酿造的酒,可以一醉千日不醒。如今的世人昏昏噩噩,终日追名逐利,没有一日不在醉乡之中。追逐名声的人沉醉于朝堂官位,追逐利益的人沉醉于市井世俗,豪门贵胄沉醉于声色车马。如何才能得到一服清凉散,使世人服下获得清醒?于是,编纂了第一卷“醒”。

倚高才而玩世,背后须防射影之虫①;饰厚貌以欺人,面前恐有照胆之镜②。

〔注释〕

①射影之虫:即蜮(yù),又名射工。相传居水中,听到人声,以气为矢,或含沙以射人。后因称阴谋中伤他人者。《毛诗注疏》卷十九引陆机疏云:“(蜮)一名射影,江淮水皆有之。人在岸上,影在水中,投人影则杀之,故曰射影。”

②照胆之镜:《西京杂记》卷三载:汉高祖初入秦咸阳宫,见“有方镜,广四尺,高五尺九寸,表里有明,人直来照之,影则倒见。以手扪心而来,则见肠胃五脏,历然无碍。人有疾病在内,则掩心而照之,则知病之所在。又女子有邪心,则胆张心动。秦始皇常以照宫人,胆张心动者则杀之”。

〔译文〕

倚仗过人的才智而玩世不恭，须要提防有人含沙射影从背后攻击；伪装成敦厚老实的样貌来欺人耳目，恐怕要有照见肝胆的镜子当面揭穿。

花繁柳密处拨得开①，才是手段；风狂雨急时立得定②，方见脚跟。

〔注释〕

①花繁柳密：喻荣华富贵的境地。

②风狂雨急：喻挫折重重的境地。

〔译文〕

处于花繁柳密、荣华富贵的顺境中，若能来去自如，不受诱惑所牵绊，才是高超的本领；处于狂风骤雨吹打般的逆境里，站立得稳，不为所动，才能看出立场的坚定。

淡泊之守，须从秾艳场中试来①；镇定之操，还向纷纭境上勘过②。

〔注释〕

①秾(nóng)艳场：喻富贵豪华、灯红酒绿之所。

②勘：检验，考验。

〔译文〕

淡泊宁静的操守，须在富贵奢华、充满诱惑的场合中才能试出来；镇定自若的志节，还得在纷纷扰扰的环境中才能考验过。

市恩不如报德之为厚①，要誉不如逃名之为适②，矫情不如直节之为真③。

〔注释〕

①市：为换取。

②要：求取。逃名：回避名誉。

③直节：守正不阿的操守。宋代范仲淹《依韵和庞殿院见寄》："直节羡君如指佞，孤根怜我异凌霄。"

〔译文〕

给予别人恩惠，不如感恩报德的行为厚道；哗众取宠沽名钓誉，不如逃避虚名的行为妥宜；故作矫情、伪装自己，不如正直坦率的行为真诚。

使人有面前之誉，不若使人无背后之毁①；使人有乍交之欢②，不若使人无久处之厌。

〔注释〕

①不若：不如。毁：污蔑诋毁。

②乍交之欢：初次见面的欢喜愉悦。

〔译文〕

使人有当面的赞誉，不如使人没有背后的诋毁；使人有初次见面的愉悦，不如使人长久相处以后没有厌烦的情绪。

攻人之恶，毋太严[1]，要思其堪受[2]；教人以善，毋过高，当原其可从[3]。

〔注释〕

①攻：指责过失。《论语·先进》："非吾徒也，小子鸣鼓而攻之。"毋：不要。

②堪受：承受。

③原：体察，体谅。

〔译文〕

批评他人过错时，不要过于严苛，要考虑别人能否承受；劝导他人做好事，不要期望过高，应该体察他能否顺从并做到。

遇嘿嘿不语之士[1]，切莫输心[2]；见悻悻自好之徒[3]，应须防口。结缨整冠之态[4]，勿以施之焦头烂额之时；绳趋尺步之规[5]，勿以用之救死扶危之日。

〔注释〕

①嘿（mò）：同"默"，闭口不说话。《晏子春秋·内篇·谏上》："臣闻之，近臣嘿，远臣喑，众口铄金。"

②输心：表示真心。唐代杜甫《莫相疑行》：“晚将末契托年少，当面输心背面笑。”

③悻悻自好：固执己见、自以为是。

④结缨整冠：系好冠带，整理好帽子，以示从容。《左传·哀公十五年》：“子路曰：‘君子死，冠不免。’结缨而死。”

⑤绳趋尺步：行动合法度，指循规蹈矩。《宋史·朱熹列传》：“方是时，士之绳趋尺步，稍以儒名者，无所容其身。”

〔译文〕

遇到沉默寡言的人，不要轻易表露真心；遇到高傲自大的人，应当言语谨慎。注重仪表、谨守礼法、从容不迫的做法，不要用在焦头烂额的时候；循规蹈矩，亦步亦趋，不要用在救死扶伤的危机关头。

俭，美德也，过则为悭吝①，为鄙啬②，反伤雅道；让，懿行也③，过则为足恭④，为曲谨⑤，多出机心⑥。

〔注释〕

①悭吝：吝啬，小气。

②鄙啬：小气，吝啬。

③懿行：善行。

④足(jù)恭：十足的恭顺。《论语·公冶长》：“子曰：‘巧言、令色、足恭，左丘明耻之，丘亦耻之。’”

⑤曲谨：谨小慎微，指注重小节而不识大体。

⑥机心：巧诈之心，功利之心。《庄子·外篇·天地》：“有机械者必有机事，有机事者必有机心。机心存于胸中，则纯白不备。纯白不备，则神

生不定。神生不定者，道之所不载也。”

〔译文〕

节俭，是美好的德行，但过于节俭，则是小气、吝啬，反而有损于雅正之道；谦让，是美好的行为，但过于谦让，就成了十足的恭顺、不识大体的谨小慎微，是出于巧诈功利之心。

藏巧于拙①，用晦而明②；寓清于浊，以屈为伸③。

〔注释〕

①藏巧于拙：指真正灵巧的人表面上很笨拙。语出《老子·洪德》：“大直若屈，大巧若拙。”

②用晦而明：指隐藏才能，不使外露。语出《易·明夷》：“君子以莅众，用晦而明。”

③以屈为伸：指人能适应不同的境遇。语出《易·系辞下》：“尺蠖之屈，以求信也；龙蛇之蛰，以存身也。”

〔译文〕

将机巧智谋掩藏于看似笨拙的行动中，表面上暗昧无知，实际心如明镜；将高洁的品格隐藏于浊世中，做事以退为进，能屈能伸。

怨因德彰，故使人德我①，不若德怨之两忘；仇因恩立，故使人知恩，不若恩仇之俱泯②。

〔注释〕

①德：名词作动词，感激。

②泯：尽、灭。

〔译文〕

怨恨因为有恩德更加彰显，所以使人感激自己，不如使人将恩怨都忘掉；仇恨因为有恩惠才产生，所以使人感恩图报，不如使人将恩仇都消除。

谭山林之乐者①，未必真得山林之趣；厌名利之谭者，未必尽忘名利之情。

〔注释〕

①谭：同“谈”，谈论，称说。《庄子·则阳篇》：“彭阳见王果曰：‘夫子何不谭我于王？’”

〔译文〕

大谈山林隐逸之乐的人，不一定真正领会隐逸山林的乐趣；高谈厌恶名利的人，也不一定真的完全将名利忘却。

贫士肯济人①，才是性天中惠泽②；闹场能笃学③，方为心地上工夫④。

〔注释〕

①济人：救济他人。

②性天：即天性。

③笃：专心。

④心地：佛教用语。《心地观经》卷八："众生之心，犹如大地，五谷五果从大地生……以是因缘，三界惟心，心名为地。"

〔译文〕

贫寒的人肯救济别人，才称得上天性中的最有功德的恩惠；喧闹的场所中能专心好学，才是心地上真正修养的工夫。

局量宽大，即住三家村里[①]，光景不拘；智识卑微，纵居五都市中[②]，神情亦促。

〔注释〕

①三家村里：指偏僻的小村落。宋代陆游《村饮示邻曲》："偶失万户侯，遂老三家村。"

②五都市：指繁华的都市。

〔译文〕

气量格局宽大的人，就算住在偏僻的小村落，眼界也不会受到局限；智力见识卑微的人，纵使居住在繁华的都市，神态也会显得拘束窘迫。

惜寸阴者[①]，乃有凌轹千古之志[②]；怜微才者，乃有驰驱豪杰之心。

〔注释〕

①惜寸阴：语出《淮南子·原道训》："故圣人不贵尺之璧，而重寸之

阴。时难得而易失也。”陶渊明《杂事十二首》其五：“古人惜寸阴，念此使人惧。”

②凌轹（lì）：驾驭。

〔译文〕

珍惜每一寸光阴的人，才能驾驭远大的志向；尊重微末才能的人，才有驾驭天下豪杰的心胸。

世人破绽处[1]，多从周旋处见[2]；指摘处[3]，多从爱护处见；艰难处，多从贪恋处见。

〔注释〕

①破绽：指行为上的过失。

②周旋：指人与人之间的交际应酬。

③指摘：指责。

〔译文〕

世人在行为上的过失之处，大多从与人交往应酬的过程中体现出来；遭受指责的地方，多是在对人爱惜、保护之处表现出来；陷于不好处理的境况，大多是因为贪恋不舍而展现出来。

凡情留不尽之意，则味深[1]；凡兴留不尽之意，则趣多[2]。

〔注释〕

①味深：意味深长。

②趣多:兴趣盎然。

〔译文〕

大凡感情抒发不尽,留有余地,就会显得意味深长;兴致表露不尽,意犹未尽,则更显兴趣盎然。

大事难事看担当;逆境顺境看襟度;临喜临怒看涵养[①];群行群止看识见[②]。

〔注释〕

①临:面对。

②群行群止:在与众人相处过程中表现出来的言行举止。

〔译文〕

遇到大事和难事的时候,最能看出一个人承担责任的能力;处于逆境和顺境中的态度,能看出一个人的胸襟气度;面对高兴或愤怒的事情时,能看出一个人的涵养;在与众人交往过程中,可以看出一个人的见识高低。

轻与必滥取[①],易信必易疑[②]。

〔注释〕

①轻与:轻易地给予。滥取:过度索取。

②易信:轻易相信。

〔译文〕

轻易地给予,必然会导致别人过度索取;轻易地相信别人,必然也会轻易地怀疑别人。

宁为随世之庸愚①,勿为欺世之豪杰②。

〔注释〕

①随世:跟随世俗。庸愚:指平庸愚钝的人。

②欺世:欺骗世人。

〔译文〕

宁可成为跟随世俗的愚笨之人,也不要成为欺骗世人的所谓英雄豪杰。

天下无不好谀之人①,故谄之术不穷②;世间尽善毁之辈③,故谗之路难塞④。

〔注释〕

①好谀:喜欢阿谀奉承。

②穷:穷尽。

③善毁:擅长诋毁。

④塞:堵塞。

〔译文〕

天下没有不喜欢听奉承话的人,所以谄媚之术层出不穷;人世间都是擅长诋毁的人，所以谗言诋毁之路难以堵塞。

有一言而伤天地之和①，一事而折终身之福者②，切须检点③。能受善言，如市人求利④，寸积铢累⑤，自成富翁。

〔注释〕

①和：和气。

②折：折损，减损。

③检点：注意，反省。

④市人：商人。

⑤寸积铢累：形容一点一滴地积累。铢，古代计量单位，二十四铢为一两。宋代李纲《与右相条具事宜札子》："寸积铢累，以及此数，若不妄散，以陈易新，可以常为洪州之根本，非细事也。"

〔译文〕

有时候一句话就可以伤害天地间的和气，一件事就可以折损终身的福分，所以必须时刻检点自身的言行。能接受正确的建议，就像商人追求钱财一样，一点一滴地积累，自然成为富翁。

气收自觉怒平①，神敛自觉言简②，容人自觉味和③，守静自觉天宁④。

〔注释〕

①收：收敛。怒平：怒气平息。

②神敛:心神凝聚。
③味和:氛围和睦。
④守静:保持平静。

〔译文〕

收敛气息自然觉得怒气平息,凝聚心神自然言辞简洁,宽容别人自然会感受到氛围和睦,保持平静自然觉得天地安宁。

无事便思有闲杂念头否,有事便思有粗浮意气否①,得意便思有骄矜辞色否②,失意便思有怨望情怀否③。时时检点得到,从多入少,从有入无,才是学问的真消息④。

〔注释〕

①粗浮意气:浮躁的心气。
②骄矜辞色:骄横傲慢的言辞及神色。
③怨望:怨恨不满。
④真消息:真谛。

〔译文〕

没事的时候要想想心中有没有闲杂的念头,忙碌的时候要想想心中有没有浮躁的情绪,得意的时候想想自己有没有骄横傲慢的言辞及神色,不如意的时候要想想自己有没有怨恨不满的心情。时时刻刻检查反省,使不良的习气从多变少,从有到无,这才是求取学问的关键。

笔之用以月计[①]，墨之用以岁计，砚之用以世计[②]。笔最锐[③]，墨次之，砚钝者也。岂非钝者寿[④]，而锐者夭耶[⑤]？笔最动，墨次之，砚静者也。岂非静者寿而动者夭乎？于是得养生焉，以钝为体[⑥]，以静为用[⑦]，唯其然，是以能永年[⑧]。

〔注释〕

①计：计算。

②世：代。

③锐：锐利，锋利，与“钝”相对。

④寿：长寿。

⑤夭：夭折。

⑥体：本体。

⑦用：运用。

⑧唯其然：只有这样。是以：因此。永年：永远年轻，长寿。

〔译文〕

毛笔的使用寿命以月来计算，墨的使用寿命以年来计算，砚台的使用寿命以世代来计算。毛笔最锐利，墨其次，砚台最钝。难道不是钝的东西长寿而锐利的东西早夭吗？毛笔用得最勤，墨其次，砚台安静不动。难道不是安静的东西长寿而易动的东西早夭吗？于是从中得到养生的方法，就是以迟钝为根本，以安静为方法，只有这样才能长寿。

病至[①],然后知无病之快[②];事来,然后知无事之乐。故御病不如却病[③],完事不如省事[④]。

〔注释〕

①至:到。
②快:快乐。
③御病:治病。却病:避免生病。
④完事:做完事情。

〔译文〕

疾病来了,然后才知道没有病时的快乐;事情来了,然后才知道没有事情时的快乐。所以治好病不如不得病,把事情做完不如省去事情。

讳贫者[①],死于贫,胜心使之也[②];讳病者,死于病,畏心蔽之也[③];讳愚者[④],死于愚,痴心覆之也[⑤]。

〔注释〕

①讳:忌讳。
②胜心:好胜之心。
③畏心:畏惧之心。蔽:蒙蔽。
④愚:愚蠢。
⑤痴心:痴愚之心。覆:掩盖。

〔译文〕

忌讳贫穷的人,最终也会死于贫穷,这是好胜心驱使的结果；忌讳疾病的人，最终死于疾病，这是畏惧之心蒙蔽的结果；忌讳愚蠢的人，最终死于愚蠢，这是痴愚之心掩盖的结果。

挥洒以怡情[①]，与其应酬，何如兀坐[②]；书礼以达情[③]，与其工巧[④]，何若直陈[⑤]；棋局以适情[⑥]，与其竞胜，何若促膝[⑦]；笑谭以怡情[⑧]，与其谑浪[⑨]，何若狂歌。

〔注释〕

①挥洒：挥毫洒墨。怡情：怡养性情。

②何如：怎么比得上。兀坐：危坐，端坐。

③达情：表达感情。

④工巧：技巧高明，此处指遣词造句讲究工整巧妙。

⑤直陈：径直陈说。

⑥适情：放松心情。

⑦促膝：指促膝交谈的乐趣。

⑧谭：同“谈”。

⑨谑浪：戏谑放浪。

〔译文〕

挥毫洒墨来怡养性情，与其应酬交际，不如独自端坐；知书知礼来表达感情，与其工整巧妙，不如直抒胸臆；对弈棋局是为了放松心情，与其争强好胜，不如促膝交谈；谈笑是为了心情愉悦，与其戏谑放浪，不如纵情歌咏。

天下之事，利害常相半[①]。有全利而无小害者，惟书[②]。

〔注释〕

①相半:各占一半。

②惟:只有。

〔译文〕

天下的事情,利和害往往都是各占一半。全部都是好处而没有坏处的事情,只有读书。

意在笔先[①],向庖羲细参易画[②];慧生牙后[③],恍颜氏冷坐书斋[④]。明识红楼为无冢之丘垄[⑤],迷来认作舍生岩[⑥];真知舞衣为暗动之兵戈[⑦],快去暂同试剑石。

〔注释〕

①意:指创作前的想法、灵感。

②向:从前,以前。庖羲:即伏羲,古代传说中的三皇之一,相传八卦之像是由他参悟天地之后所画。因教民渔猎,取牺牲以供庖厨,故称“庖羲”。

③慧生牙后:即牙后慧,指言辞之外的理趣。《世说新语·文学》:“殷中军云:‘康伯未得我牙后慧。’”

④恍:恍然。颜氏:即颜回。

⑤明识:明明知道。红楼:青楼,妓女所居之处。冢:坟墓。丘垄:墓地。

⑥舍生岩:又称舍生崖。佛教中有投身舍生崖下,以脱离尘世苦海,登入西方极乐世界的说法。此处指极乐世界。

⑦舞衣:此处指代善于歌舞的女子。

〔译文〕

意念往往形成于动笔之前，从前伏羲参悟天地之象而画成八卦；言辞之外的理趣，恍如颜回坐在书斋中静思所得到。明明知道青楼是看不见坟冢的墓地，可是痴迷的时候把它认作极乐世界；真切地知道舞女飘摇的衣袖像是暗藏的兵器，为了追求片刻欢愉不惜把自己当作试剑石。

佳思忽来①，书能下酒②；侠情一往③，云可赠人④。

〔注释〕

①佳思：绝好的灵感。

②书能下酒：典出宋代龚明之《中吴纪闻·苏子美饮酒》：苏舜钦读《汉书》，常大杯饮酒。其岳丈杜衍听说，笑曰："有如此下酒物，一斗不为多也。"

③侠情：豪放的情怀。

④云可赠人：语出南朝陶弘景《诏问山中何所有赋诗以答》："山中何所有，岭上多白云。只可自怡说，不堪持寄君。"

〔译文〕

绝好的灵感突然涌来，书也能成为下酒之物；豪放的情怀一旦触发，白云也可赠予别人。

开口辄生雌黄月旦之言①，吾恐微言将绝②；捉笔便惊缤纷绮丽之饰③，当是妙处不传④。

〔注释〕

①辄:便。雌黄月旦之言:指信口开河,说话不负责任。雌黄,一种矿物质,古人抄书、校书常用雌黄涂改文字,因此改易文字称雌黄。月旦:即月旦评,指品评人物。《后汉书·许劭列传》:“初,劭与靖俱有高名,好共核论乡党人物,每月辄更其品题,故汝南俗有月旦评焉。”

②微言:精微却深藏大义的语言。

③捉笔:提笔。饰:藻饰。

④妙处:精妙之处。

〔译文〕

一开口就是信口开河随意评论人物,我担心精深微妙的语言将会不传;一提笔就是缤纷华丽的藻饰,则是精妙之处没能流传下来。

风波肆险①,以虚舟震撼②,浪静风恬;矛盾相残,以柔指解分,兵销戈倒③。

〔注释〕

①肆险:肆虐惊险。

②虚舟:无人驾驶的船只,比喻胸怀恬淡豁达。《庄子·山木》:“方舟而济于河,有虚船来触舟,虽有惼心之人不怒……人能虚己以游世,其孰能害之!”

③兵销戈倒:指化解矛盾。

〔译文〕

在风波险恶中,以虚舟之心来应对,则风浪平静;在彼此相残时，以柔性手段来排解纠纷，则矛盾化解。

豪杰向简淡中求[1]，神仙从忠孝上起[2]。

〔注释〕

①简淡：简朴平淡。

②起：做起。

〔译文〕

英雄豪杰要在平淡简朴中去寻求，神仙道人要从忠义孝顺上做起。

人不得道，生死老病四字关，谁能透过[1]？独美人名将[2]，老病之状[3]，尤为可怜。

〔注释〕

①透：参透，悟透。

②独：尤其。

③老病：衰老病弱。状：情形。

〔译文〕

人如果不能知晓事理，那生老病死的关口，谁又能参透越过？尤其是美人名将迟暮病弱的情形，更加让人可怜可叹。

攻取之情化[1]，鱼鸟亦来相亲[2]；悖戾之气销[3]，世途不见可畏。吉人安祥[4]，即梦寐神魂[5]，无非和气；凶人狠戾[6]，即声音笑语，浑是杀机[7]。

〔注释〕

①攻取：进攻，索取。化：化解。

②亦：也。相亲：亲近。

③悖（bèi）戾：违逆，乖张。销：消解。

④吉人：善良的人，有福气的人。

⑤即：即使。

⑥狠戾：凶狠暴戾。

⑦浑：到处。

〔译文〕

进攻索取的心思化解了，鱼鸟也会来亲近；乖张违逆的脾气消解了，世间的路途也就不足畏惧。心地善良的人和蔼可亲，即使在梦中也是一团和气；凶狠残暴的人心肠狠毒，就算言谈笑语，也到处充满杀气。

天下无难处之事，只要两个"如之何"[1]；天下无难处之人，只要三个"必自反"[2]。

〔注释〕

①两个"如之何"：如之何，指动脑筋，想办法。语出《论语·卫灵公》："子曰：'不曰'如之何、如之何'者，吾末如之何也已矣。"

②三个"必自反"：语出《论语·学而》："曾子曰：'吾日三省吾身，为

人谋而不忠乎？与朋友交而不信乎？传不习乎？'"此处指从各个方面反躬自问。

〔译文〕

天下没有难处理的事情，只要多想想怎么办；天下没有难相处的人，只要在交往中常常自省。

一间屋，六尺地，虽没庄严，却也精致；蒲作团，衣作被，日里可坐，夜间可睡；灯一盏，香一柱，石磬数声，木鱼几击；龛常关，门常闭，好人放来，恶人回避；发不除，荤不忌，道人心肠，儒者服制；不贪名，不图利，了清静缘，作解脱计；无挂碍①，无拘系②，闲便入来，忙便出去；省闲非，省闲气，也不游方③，也不避世，在家出家，在世出世；佛何人，佛何处？此即上乘④，此即三昧⑤。日复日，岁复岁，毕我这生，任他后裔。

〔注释〕

①挂碍：牵挂，惦念。

②拘系：拘禁，管束。《易·随》："拘系之，乃从维之。"

③游方：指僧人、道士为了修行问道或化缘而云游四方。

④上乘：佛教语，指大乘。

⑤三昧：佛教语，指排除一切杂念，使心神平静。

〔译文〕

一间房屋，六尺地方，虽然没有庄严华丽，但是也精致；蒲草编作坐垫，衣服当作被子，白天可以端坐，晚上可以睡觉；灯火一盏，焚香一柱，石磬响了几声，木鱼敲了几下；佛龛经常关上，门经常闭着，好人放进来，坏人则回避；不用削发出家，也不用忌食荤腥，有道人的心肠，却是儒家的衣服礼制；不贪图功名和利禄，了却佛门清静之缘，作解脱的计划；没有牵挂，没有拘束，清闲时就进门来，忙碌时就出门去；省掉无端的是非，不为无关紧要的事生气，不用云游四方，也不用回避俗世，做一个在家的出家人，在俗世中的出世者；佛是什么人，佛又在什么地方？这就达到了上乘的境界，这就是佛家的三昧。日复一日，年复一年，如此度过一生，管他后代怎样。

铄金玷玉①，从来不乏乎谗人；洗垢索瘢②，尤好求多于佳士。止作秋风过耳③，何妨尺雾障天④。

〔注释〕

①铄（shuò）金玷玉：比喻激烈的诽谤、诋毁。铄金，语出《国语·周语》："故谚曰：'众志成城，众口铄金。'"

②洗垢索瘢（bān）：洗掉污垢来寻找瘢痕，比喻想尽办法挑剔别人的缺点。

③秋风过耳：比喻和自己无关，毫不在意。语出东汉赵晔《吴越春秋·吴王寿梦传》："富贵之于我，如秋风之过耳。"

④障：遮障。

〔译文〕

诽谤诋毁别人，世上从来都不缺少搬弄是非的人；过分挑剔，吹毛求疵，尤其是对德才兼备的人过多索求。只当作是秋风从耳边吹过，不予在意，不必担心一点雾气将整个天空遮蔽。

以书史为园林[①]，以歌咏为鼓吹，以理义为膏粱[②]，以著述为文绣[③]，以诵读为菑畲[④]，以记问为居积[⑤]，以前言往行为师友[⑥]，以忠信笃敬为修持[⑦]，以作善降祥为因果，以乐天知命为西方[⑧]。

〔注释〕

①书史：经史书籍。

②膏粱：肥肉和细粮，指美味佳肴。

③文绣：古代衣服有等级，必须有爵命的人才能着文绣之服。

④菑(zī)畲(yú)：耕耘。《尔雅》："田一岁曰菑，二岁曰新田，三岁曰畲。"《周易·无妄》："不耕获，不菑畲，则利有攸往。"

⑤记问：记忆讨教。居积：囤积。

⑥前言往行：以往的贤圣之人的言行。

⑦忠信笃敬：忠实守信，笃学恭敬。修持：修身养道。

⑧乐天知命：知足常乐。西方：极乐世界。

〔译文〕

把经史书籍当作园林，把歌唱吟咏当作鼓吹乐器，把公理正义当作美味佳肴，将著书立说当作华美衣服，把诵读诗书当作耕耘劳作，将记忆讨教当作囤积储备，将以往贤士的言行当作良师益友，将忠实笃行当作修身养道，将多行善事求得福气当作因果报应，将知足常乐当作极乐世界。

事理因人言而悟者[1]，有悟还有迷，总不如自悟之了了[2]；意兴从外境而得者[3]，有得还有失，总不如自得之休休[4]。

〔注释〕

①事理：事情的道理。因：通过。

②了了：明白透彻。

③意兴：意趣，兴致。

④休休：安闲，安乐。

〔译文〕

如果事情的道理是通过别人的言语才能领悟，那么虽然领悟，但还是有迷惑的地方，总是不如自己感悟来得透彻。如果意趣兴致是从外界得来的，那么虽然有得到，但还是有失去的东西，总是不如自己得到的安闲。

白日欺人，难逃清夜之愧赧[1]；红颜失志[2]，空遗皓首之悲伤[3]。定云止水中[4]，有鸢飞鱼跃的景象；风狂雨骤处[5]，有波恬浪静的风光。

〔注释〕

①愧赧(nǎn)：羞愧脸红。

②红颜：指年轻的时候。

③空：徒然。皓首：指年老的时候。

④定云：静止的白云。

⑤骤：急。

〔译文〕

青天白日自欺欺人，难以逃过夜晚羞愧难当；青春年少之时失去志向，徒留年老白头时的悲伤。静止的云朵倒映在水中，呈现出鸢飞鱼跃的景象；狂风骤雨的地方，也有风平浪静的恬淡景色。

平地坦途，车岂无蹶[①]；巨浪洪涛，舟亦可渡。料无事必有事[②]，恐有事必无事[③]。

〔注释〕

①蹶(jué)：颠簸。
②料：料定。
③恐：担心。

〔译文〕

在平坦的道路上，车子就不会颠簸翻倒吗？即使巨浪滔天，波涛汹涌，小船也是可以渡过。料定平安无事，反而会出事；担心出事，反而没有事情发生。

人生有书可读，有暇得读[①]，有资能读[②]，又涵养之如不识字人，是谓善读书者[③]。享世间清福[④]，未有过于此也。

〔注释〕

①暇：闲暇，有时间。得：能够。

②资：资财。

③是：这。

④清福：清闲的福气。

〔译文〕

人生有书可以读，有空闲时间可以读书，有钱财可供读书，有涵养但又像是不认识字的人，这可称得上善于读书的人。享得世间清闲的福气，恐怕没有超过这样的了。

世上人事无穷[1]，越干越做不了；我辈光阴有限[2]，越闲越见清高。

〔注释〕

①无穷：没有穷尽。

②我辈：我等，我们。

〔译文〕

世上的人事无穷无尽，越做越做不完；我们时间有限，越是悠闲越是显得清高。

我不害人，人不害我；人之害我，由我害人。

〔译文〕

我不伤害别人，别人也不伤害我；如果别人想要伤害我，是因为我曾伤害过别人。

商贾不可与言义[①],彼溺于利[②];农工不可与言学[③],彼偏于业[④];俗儒不可与言道[⑤],彼谬于词[⑥]。

〔注释〕

①与:和,同。言义:谈论道义。
②溺:沉溺。
③言学:谈论学问。
④偏:偏于,偏爱。
⑤俗儒:浅陋而迂腐的儒士。
⑥谬于词:在言词上荒谬。

〔译文〕

和商人不能谈论道义,因为他们沉溺于利益中;与农民工匠不能谈论学问,因为他们偏爱自己的本业;与迂腐的儒士不能谈论事理,因为他们常在言词上荒谬。

博览广识见[①],寡交少是非[②]。

〔注释〕

①广:增加。
②寡:少。

〔译文〕

博览群书可以增加见识;交友寡淡可以少很多是非。

人心好胜[1],我以胜应必败[2];人情好谦[3],我以谦处反胜[4]。

[注释]

①好胜:争强好胜。
②应:应付,应对。
③谦:谦虚。
④反:反而。

[译文]

人总是会争强好胜,如果我也用好胜心去应对,那必定会失败;人都喜欢谦逊待人,如果我谦和地对待别人,那么反而会取胜。

以患难心居安乐,以贫贱心居富贵,则无往不泰矣[1];以渊谷视康庄[2],以疾病视强健,则无往不安矣。

[注释]

①无往:没有哪里,到处。泰:平安,安宁。
②渊谷:深谷。康庄:宽阔平坦的大路。

[译文]

在安乐之时怀有患难之心,在富贵之时怀有贫贱之心,那么无论在哪里都会平安顺遂;行走在平坦大路上能像如临深渊一样谨慎,在健康的时候能像病中一样注意身体,那么无论什么时候都会安稳无事。

有誉于前[1]，不如无毁于后[2]；有乐于身，不如无忧于心。

〔注释〕

①前：人前。

②后：人后。

〔译文〕

与其人前有赞美，不如人后没有毁谤；与其图身体一时的快活，不如心中没有忧虑。

攻玉于石[1]，石尽则玉出；淘金于沙[2]，沙尽则金露。

〔注释〕

①攻玉于石：语出《诗·小雅·鹤鸣》："它山之石，可以攻玉。"攻，雕琢，加工。

②淘金于沙：唐代刘禹锡《浪淘沙》："千淘万漉虽辛苦，吹尽狂沙始到金。"

〔译文〕

雕琢玉石，石头磨尽了，玉就会显露出来；在沙石中淘取金子，沙石淘尽，金子就会显现出来。

乍交不可倾倒[①],倾倒则交不终[②];久与不可隐匿[③],隐匿则心必崄[④]。

〔注释〕

①乍:刚,起初。

②倾倒:全部倒出。此处指把所有的话都说出来。

③久与:长时间相处。隐匿:隐瞒,隐藏。

④崄:同“险”,阴险,险恶。

〔译文〕

刚开始交往不可急于把所有话都说出,不然交往常常不能善终;长时间相处后不可有所隐瞒,不然其居心必定险恶。

驷马难追[①],吾欲三缄其口[②];隙驹易过[③],人当寸惜乎阴。

〔注释〕

①驷马难追:一句话说出口,就是套上四匹马拉的车也难以追上。语出《论语·颜渊》:“夫子之说君子也,驷不及舌。”

②三缄其口:语出《说苑·敬慎》:“孔子之周,观于太庙。右陛之前,有金人焉,三缄其口,而铭其背曰:‘古之慎言人也。戒之哉!戒之哉!无多言,多言多败;无多事,多事多患。’”

③隙驹易过:比喻时间飞逝。语出《庄子·知北游》:“人生天地之间,如白驹之过隙,忽然而已。”

〔译文〕

一言既出，驷马难追，所以说话之前要小心谨慎；时间飞逝，如白驹过隙，所以人们应当珍惜寸寸光阴。

贫不足羞①，可羞是贫而无志；贱不作恶，可恶是贱而无能；老不足叹，可叹是老而虚生②；死不足悲，可悲是死而无补③。身要严重④，意要闲定⑤，色要温雅⑥，气要和平，语要简徐⑦，心要光明，量要阔大，志要果毅⑧，机要缜密⑨，事要妥当。

〔注释〕

①足：值得。

②虚生：虚度一生。

③死而无补：到死也没有什么贡献。

④严重：严肃庄重。

⑤闲定：闲适淡定。

⑥温雅：温文尔雅。

⑦简徐：简明舒缓。

⑧果毅：果敢坚毅。

⑨缜密：谨慎周密。

〔译文〕

贫穷不值得羞愧，羞愧的是虽然贫穷却没有志向；地位低下不值得厌恶，厌恶的是虽然卑贱却没有才能；年老不值得叹息，叹息的是到老了才发现虚度一生;死亡不值得悲哀,悲哀的是到死也没有什么贡献。仪态要严肃庄重,精神要闲适淡定,容色要温文尔雅,意气要和蔼平静,言语要简明舒缓,心地要光明磊落,气量要宽阔宏大,意志要果敢坚毅,计划要谨慎周密,处事要稳妥得当。

大凡聪明之人,极是误事,何以故?惟其聪明生意见[1],意见一生[2],便不忍舍割。往往溺于爱河欲海者[3],皆极聪明之人。是非不到钓鱼处[4],荣辱常随骑马人[5]。

〔注释〕

①生:萌生,产生。

②一生:一旦萌生。

③溺:沉溺。

④钓鱼处:此处比喻与世无争的隐逸之处。

⑤骑马人:此处喻指尘世中追名逐利的达官贵人。

〔译文〕

凡是聪明的人,都极为容易误事,为什么呢?只是因为聪明的人会有很多意见和想法,意见一旦萌生出来,便不忍心割舍。往往沉溺在爱河欲海中的人,都是聪明的人。是非对错从来都不会到与世无争的隐居之地,利害荣辱常常伴随着为官从政的骑马之人。

我有功于人,不可念[1],而过则不可不念;人有恩于我,不可忘,而怨则不可不忘。

〔注释〕

①念:惦念。

〔译文〕

我对别人有过帮助,不能惦念,但如果对别人有过错,则应该记住;别人对我有恩惠,不可以忘记,别人对我有仇怨,就应该忘记。

径路窄处[①],留一步与人行;滋味浓时,减三分让人嗜[②]。此是涉世一极安乐法。

〔注释〕

①径路:道路。

②嗜:品尝。

〔译文〕

道路窄的地方,留一步的空间让别人通行;味道浓重的时候,减三分让别人品尝。这是待人接物获得快乐的最好方法。

昨日之非不可留,留之则根烬复萌[①],而尘情终累乎理趣[②];今日之是不可执[③],执之则渣滓未化[④],而理趣反转为欲根[⑤]。

〔注释〕

①根烬:残根,灰烬,比喻未能根除的部分。

②尘情:尘世情感。理趣:义理情趣。

③执:固执。

④渣滓:物体提取精华后残留的东西。

⑤欲根:欲望的根源。

〔译文〕

过去的错误不可以保留,留下便会死灰复燃,凡俗情感终将妨碍义理情趣。当下的正确也不可以固执坚持,偏执便会像渣滓没有化解,义理情趣反而成为欲望的根源。

文章不疗山水癖[①],身心每被野云羁[②]。

〔注释〕

①疗:治愈。癖:癖好。

②被:遭受。羁:羁绊。

〔译文〕

再好的文章也不会治愈喜爱山水的癖好,身心总是被无拘无束的野外云霞所羁绊。

卷　二

〔题解〕

“问世间情是何物，直叫人生死相许”，元好问的两句诗，千百年来让无数人感慨万千。“情”之一字，古往今来，几人能堪破？纵使得道高人，幽逸隐士，看破红尘，远离世俗，然其对这世间万物，何尝不是情深意重。

作者在第二卷“情”中，用清丽的言辞概述情之种种。爱情、友情与亲情，是我们安身立命的根本。爱情总会让人生出许多美好的联想，“有情人终成眷属”是最有代表性的愿景，但人生不如意事，十之八九，别愁离恨，乃是世间常态。友情、亲情，更是人世间割舍不去的牵绊。对众生的爱，是类似于宗教的情怀，另是一种更高境界的感情。人类的感情跨越时空依然相通，这世间，万物皆有情。

情

语云，当为情死，不当为情怨。明乎情者，原可死而不可怨者也。虽然，既云情矣，此身已为情有，又何忍死耶？然不死终不透彻耳。韩翃之柳①，崔护之花②，汉宫之流叶[③]，蜀女之飘梧[④]，令后世有情之人咨嗟想慕，托之语言，寄之歌咏，而奴无昆仑[⑤]，客无黄衫[⑥]，知己无押衙[⑦]，同志无虞候[⑧]，则虽盟在海棠，终是陌路萧郎耳[⑨]。集情第二。

〔注释〕

①韩翃(hóng)之柳：韩翃，字君平，唐代著名诗人，"大历十才子"之一。《太平广记》卷四百八十五载许尧佐撰《柳氏传》，记韩翃与柳氏的爱情故事。韩翃与爱妾柳氏在安史之乱中失散，柳氏剪发为尼。后来韩作词寄柳："章台柳，章台柳，昔日青青今在否。纵使长条似旧垂，亦应攀折他人手。"柳氏答之："杨柳枝，芳菲节，所恨年年赠离别。一叶随风忽报秋，纵使君来岂堪折。"不久蕃将沙吒利强占柳氏。虞候许俊巧设计策，使二人终得团聚。

②崔护之花：唐代孟棨《本事诗》记载：崔护举进士下第，清明日独自到城南游赏，口渴至一户人家求水喝，遇开门女子。来年清明，再次到故地，女子不在，故题诗曰："去年今日此门中，人面桃花相映红。人面不知何处去，桃花依旧笑春风。"过数日，崔护去城南女子家，得知女子见诗而病，绝食数日而死，崔护大为感恸；女子睁开眼睛，半日复活，嫁于崔护。

③汉宫之流叶：唐代范摅《云溪友议》记载：唐宣宗时，卢渥进京赶考，在御沟中洗手时发现一张有墨印的红叶，叶面题诗："流水何太急，深宫尽日闲。殷勤谢红叶，好去到人间。"后宣宗放部分宫女，卢渥得以和其中一人成亲，此人正是红叶题诗者。

④蜀女之飘梧：《太平广记》引《玉溪编事》载：后蜀尚书侯继图于成都大慈寺赏景，得题有诗的梧桐叶，写此诗的女子后来与侯继图成婚。

⑤奴无昆仑：典出唐代裴铏《昆仑奴》：唐大历年间，崔生受父命拜见一品勋臣，勋臣让身穿红绡的美姬为崔生奉上甘酪，崔生对红绡一见钟

情，并将此事告诉昆仑奴磨勒。磨勒夜间背着崔生越过高墙与红绡见面，后又背着二人越过高墙回家。

⑥客无黄衫：典出《太平广记》卷四百五十七载蒋防撰《霍小玉传》：才女霍小玉与书生李益互订终身，后来被李益抛弃，霍小玉忧郁成疾。侠士黄衫客将李益挟持到霍小玉面前，霍小玉见到李益后伤心身亡。

⑦押衙：官名。唐代藩镇均设置押衙，为衙署内部的亲信武职。此处为《无双传》中的人物，在他的帮助下，尚书之女刘无双和贫寒书生王仙客有情人终成眷属。

⑧虞候：官名。唐代后期有都虞候，为藩镇的亲信武官。此处指《柳氏传》中的虞候许俊，见注释①。

⑨陌路萧郎：典出唐代范摅《云溪友议》：书生崔郊与姑母家婢女相爱，后姑母家道中落，将婢女卖给连帅。崔郊伤心不已，作诗云："侯门一入深似海，从此萧郎是路人。"连帅听闻此事，将婢女还给崔郊。萧郎，即萧史，刘向《列仙传·萧史》载："萧史者，秦穆公时人也。善吹箫，能致孔雀白鹤于庭。穆公有女字弄玉，好之，公遂以女妻焉。日教弄玉作凤鸣，居数年，吹似凤声，凤凰来止其屋，公作凤台，夫妇止其上，不下数年。一日，皆随凤凰飞去。"

〔译文〕

常言道，应当为情死，不应当因情生怨。真正明白有关感情的人，可以为情而死，不会因情而生出怨恨。虽然这样，既然提到爱情，身体已经属于爱情，又怎么忍心去死呢？然而不到临死时终究不会看破。像韩翃之柳，崔护之花，汉宫之流叶，蜀女之飘梧，这些类似的爱情故事使后世有情之人唏嘘感叹向往仰慕，寄托于言语故事，寄托于诗词歌咏，然而，既没有翻墙劫得佳人的昆仑奴，也没有身着黄衫的侠客，没有押衙古生那样的知己，也没有虞候许俊那样的同道，即使指海棠立誓，也逃不过分离的命运。于是编纂第二卷“情”。

几条杨柳[1]，沾来多少啼痕；三叠阳关[2]，唱彻古今离恨。

〔注释〕

①杨柳：古时送别的象征。《三辅黄图》：“霸桥在长安东，跨水作桥。汉人送客至此桥，折柳赠别。”

②三叠阳关：即王维《渭城曲》，又名《送元二使安西》，诗云：“渭城朝雨浥轻尘，客舍青青柳色新。劝君更饮一杯酒，西出阳关无故人。”后为人谱入乐府，至“阳关”句反复歌之，谓之“阳关三叠”，为送别之诗。

〔译文〕

路边几枝饯别的杨柳，沾了多少啼哭的泪痕；三叠阳关的曲调，唱尽了古往今来的离愁别恨。

罄南山之竹，写意无穷；决东海之波，流情不尽[1]。愁如云而长聚，泪若水以难干。

〔注释〕

①“罄南山之竹”四句：出自唐代祖君彦《为李密移郡县檄》：“罄南山之竹，书罪无穷；决东海之波，流恶难尽。”

〔译文〕

用尽南山的竹子，也写不尽无穷的情意；决开东海的波涛，也流不尽此情绵绵。忧愁像云彩一样长聚不散，眼泪像流水一样难以干涸。

弄绿绮之琴[①]，焉得文君之听[②]；濡彩毫之笔，难描京兆之眉[③]。瞻云望月，无非凄怆之声；弄柳拈花，尽是销魂之处。

〔注释〕

①绿绮之琴：傅玄《琴赋序》："齐桓公有鸣琴曰号钟，楚庄有鸣琴曰绕梁，中世司马相如有绿绮，蔡邕有焦尾，皆名器也。"

②文君之听：《史记·司马相如列传》："（相如）弄琴，文君窃从户窥之，心悦而好之，恐不得当也。既罢，相如乃使人重赐文君使者通殷勤。文君夜亡奔相如，相如乃与驰归成都。"

③"濡彩毫之笔"二句：用张敞为妇画眉的典故，见本卷总论注释。

〔译文〕

即使拨弄绿绮这样的名琴，又去哪里得到卓文君这样的知己的欣赏？即使蘸湿自己手中的画笔，也难以勾画张敞为妻子所描之眉。仰望天上的浮云明月，听到的也都是凄怆的声音；摆弄手中的柳枝花瓣，也都是黯然销魂的离别之情。

月色悬空，皎皎明明，偏自照人孤寂；蛩声泣露[①]，啾啾唧唧，都来助我愁思。

〔注释〕

①蛩（qióng）：蟋蟀。晋代崔豹《古今注》："蟋蟀，一名吟蛩，一名蛩。

秋初生,得寒则鸣。”

〔译文〕

月亮悬在空中,皎洁的月光偏偏照出我的孤独寂寞;蟋蟀在露水中的叫声像哭泣一样,啾啾唧唧,都使我的愁思增加了许多。

黄叶无风自落,秋云不雨长阴①。天若有情天亦老②,摇摇幽恨难禁③。惆怅旧人如梦,觉来无处追寻④。

〔注释〕

①雨:下雨。

②天若有情天亦老:语出唐代李贺《金铜仙人辞汉歌》:“衰兰送客咸阳道,天若有情天亦老。”

③难禁:难以抑制。

④觉来:醒来。

〔译文〕

没有风的时候黄叶也会掉落,秋日虽然不下雨但也常布满阴云。天如果有感情,也会为情所困而衰老,心中无所依着的幽恨也难以抑制。惆怅地追忆起往日的欢乐,像是梦一般,一觉醒来无处寻觅踪迹。

骋纤腰于结风①,奏新声于度曲。妆鸣蝉之薄鬓②,照坠马之垂鬟③。金星与婺女争华④,麝月共嫦娥竞爽[5]。惊鸾冶袖，时飘韩掾之香[6]；飞燕长裾，宜结陈王之佩[7]。轻身无力，怯南阳之捣衣[8]；生长深宫，笑扶风之织锦[9]。

〔注释〕

①结风：古曲名。

②鸣蝉之薄鬓：指蝉鬓，一种女子发式，鬓发薄如蝉翼，黑如蝉身，故称。

③坠马之垂鬟：指坠马髻，一种女子发式，式样如骑马坠落的姿态，故称。

④金星：八大行星之第二星，又称太白、长庚。婺（wù）女：星宿名，二十八星宿之一。

⑤麝（shè）月：指月亮。嫦娥：传说中后羿的妻子，因偷吃不死之药，飞入月宫中。

⑥韩掾（yuàn）：指晋代韩寿。《世说新语·惑溺》："韩寿美姿容，贾充辟为掾"，贾充女爱之并与其私通。充女用皇帝给其父的西域奇香，一旦沾染衣服，便经久不散。韩寿沾上香气，被贾充发现，于是将女儿嫁给他。

⑦陈王：指曹植，曾被封为陈王。

⑧南阳之捣衣：庾信，北朝南阳新野人，有诗《夜听捣衣》，中有句云："秋夜捣衣声，飞度长门城。今夜长门月，应如昼日明。"

⑨扶风之织锦：前秦窦滔，陕西扶风人，曾为秦州刺史，他的妻子苏蕙，善于作文。窦滔流放西去，苏蕙因思念而织锦为回文旋图诗赠给丈夫。事见《晋书·列女传》。

〔译文〕

随着《结风》曲的旋律舞动着纤细的腰肢，依照曲谱演奏新的歌曲。梳妆好薄如蝉翼的鬓发，镜子中映出像骑马坠落的发髻。金星和婺女星在天上争夺光彩，月亮和嫦娥一比高下。舞姿轻盈灵动，华丽的衣袖翩翩舞动，不时飘来像韩寿身上偷染的名贵香味；赵飞燕舞动的长长的衣裾，应当系上陈王赠予佳人的玉佩。身轻无力，抵不住庾信《夜听捣衣》诗中浓浓的思乡之情；生活在深宫里，又怎么懂得苏蕙回文织锦图中的思念之情？

静中楼阁春深雨，远处帘栊半夜灯。

〔译文〕

静谧的楼阁深藏在深春的夜雨中，从远处望去，深夜的帘栊微微透出灯光。

绿屏无睡秋分簟①，红叶伤时月午楼②。

〔注释〕

①绿屏：指绿树，或绿树墙。簟（diàn）：竹席。

②红叶：槭、枫等树的叶子，秋时变为红色。唐代有“红叶题诗”的佳话，故后来以“红叶”为传情的媒介。月午：月半时分。

〔译文〕

秋分时节，躺在绿树下的竹席上无法入睡；月半时分，独自坐在楼头，伤心红叶题诗也无法传递情意。

但觉夜深花有露，不知人静月当楼。何郎烛暗谁能咏[①],韩寿香薰亦任偷[②]。

〔注释〕

①何郎:即南朝梁诗人何逊,曾有诗《临行与故游夜别》云:“夜雨滴空阶,晓灯暗离室。”写感伤离别之情。

②韩寿香薰亦任偷:用韩寿与贾充之女私通的典故,见本卷“骋纤腰于结风”条注释。

〔译文〕

夜深了,花瓣上挂着露水,月亮哪懂得人的心情,依旧当楼洒落月光。何逊描写离别之情的诗句还有谁能吟咏?韩寿身上的香味也任由别人偷走。

幽堂昼深[①],清风忽来好伴;虚窗夜朗,明月不减故人[②]。

〔注释〕

①昼深:白天的时间很长。

②减:减退。

〔译文〕

幽静的厅堂,使白天的时间显得更加漫长,一阵清风拂来,好像伴侣知己来到身边;推开虚掩的窗户,夜色晴朗,明月像老友一样情意绵长。

天涯浩渺[①]，风飘四海之魂；尘土流离，灰染半生之劫。

〔注释〕

①浩渺：形容极为广阔，没有边际。

〔译文〕

天涯广阔，没有边际，离家的游子就像吹散在四海的游魂；尘土中颠沛流离，风尘仆仆已经度过了半生的劫难。

一片秋山，能疗病客[①]；半声春鸟，偏唤愁人。

〔注释〕

①疗：治愈。

〔译文〕

一片美好的秋山景色，可以治愈旅居他乡的游子的心病；春天鸟儿的半声鸣叫，偏偏唤起旅人的愁思。

缘之所寄[①]，一往而深。故人恩重，来燕子于雕梁；逸士情深[②]，托凫雏于春水[③]。好梦难通，吹散巫山云气；仙缘未合，空探游女珠光[④]。

〔注释〕

①寄：寄托，寄寓。

②逸士：隐逸的人。

③凫雏：幼小的雏鸟。

④"仙缘未合"二句：《文选·南都赋》："耕父扬光于清冷之渊，游女弄珠于汉皋之曲。"李善注引《韩诗内传》："郑交甫将南适楚，遵彼汉皋台下，乃遇二女，佩两珠，大如荆鸡之卵。"游女：汉水的神女。

〔译文〕

缘分所寄托的，是一如既往的深情。故人恩情深重，明年燕子依旧来雕梁上搭窝；隐逸之士情深意重，将幼小的雏鸟放在春水中。倘若缘分未到，那么好梦难以实现，巫山上的云雾将会吹散；仙缘尚未投合，那么探求神女的珠光也是一场空。

透迤洞房[①]，半入宵梦[②]；窈窕闲馆[③]，方增客愁。

〔注释〕

①透迤：曲折绵延的样子。

②宵梦：夜梦。

③窈窕：深远，幽深。闲馆：空旷的馆舍。

〔译文〕

曲折绵延的闺房里，佳人听着捣衣声似睡非睡渐入梦乡；幽深空旷的馆舍中，羁旅他乡的客子听着捣衣声增添了思乡之愁。

临风弄笛[①]，栏杆上桂影一轮[②]；扫雪烹茶，篱落边梅花数点。银烛轻弹[③]，红妆笑倚[④]，人堪惜，情更堪惜；

困雨花心，垂阴柳耳⑤，客堪怜，春亦堪怜。

〔注释〕

①临风：迎风。弄笛：吹奏笛子。

②桂影：相传月亮上有一棵桂树，此处指代月亮。

③轻弹：轻轻弹去蜡烛燃烧后的余烬。

④红妆：指代女子。

⑤困雨花心，垂阴柳耳：出自元代张可久《游龙源寺》："柳耳垂阴，花心困雨，树顶摩天。"柳耳：柳树长出的新芽。

〔译文〕

迎着风吹奏笛子，倚在栏杆上望天空明月一轮；扫雪后烹茶，篱笆边数点梅花开放。轻轻拨亮银色的蜡烛，身着红妆的女子笑语盈盈依偎身旁，人值得珍惜，情意更值得珍惜；绵绵细雨困扰着花蕊，垂阴杨柳长出了新芽，羁客值得怜惜，春色也值得怜惜。

肝胆谁怜，形影自为管鲍①；唇齿相济，天涯孰是穷交②。兴言及此，辄欲再广绝交之论③，重作署门之句④。

〔注释〕

①管鲍：指春秋时期管仲和鲍叔牙，二人志趣相投，感情深厚。鲍叔牙辅佐齐桓公，后举荐管仲，二人共同辅佐齐桓公成就霸业，管仲也成为一代名相。管仲曾言："生我者父母，知我者鲍子也。"

②孰：谁。穷交：穷困时期的知己。

③辄：就。绝交之论：断绝交往的言论。

④署门之句：典出《史记·汲郑列传》："始翟公为廷尉，宾客阗门，及废，门外可设雀罗。翟公复为廷尉，宾客欲往。翟公乃大署其门曰：'一死一生，乃知交情。一贫一富，乃知交态。一贵一贱，交情乃见。'"

〔译文〕

肝胆相照有谁可怜，形影不离自有管仲、鲍叔牙；唇齿相依，天下谁是贫穷时的至交？一时兴致言至于此，就想要重申绝交的言论，重新写上署门之句。

燕市之醉泣[①]，楚帐之悲歌[②]，岐路之涕零[③]，穷途之恸哭[④]。每一退念及此，虽在千载之后，亦感慨而兴嗟。

〔注释〕

①燕市之醉泣：《史记·刺客列传》："荆轲嗜酒，日与狗屠及高渐离饮于燕市，酒酣以往，高渐离击筑，荆轲和而歌于市中，相乐也，已而相泣，旁若无人。"

②楚帐之悲歌：《史记·项羽本纪》："项王军壁垓下，兵少食尽，汉军及诸侯兵围之数重。夜闻汉军四面皆楚歌，项王乃大惊曰：'汉皆以得楚乎？是何楚人之多也！'项王则夜起，饮帐中，有美人名虞，常幸从；骏马名骓，常骑之。于是项王乃悲歌慷慨，自为诗曰：'力拔山兮气盖世，时不利兮骓不逝。骓不逝兮可奈何，虞兮虞兮奈若何！'歌数阕，美人和之。项王泣数行下，左右皆泣，莫能仰视。"

③岐路之涕零：《谢玄晖拜中军记室辞隋王笺》李善注引《淮南子》："杨子见岐路而哭之，为其可以南，可以北。"

④穷途之恸哭：《世说新语·栖逸》"阮步兵啸闻数百步"注引《魏子

春秋》:“阮籍常率意独驾,不由径路,车迹所穷,辄恸哭而返。”

〔译文〕

荆轲和高渐离在燕市醉酒后旁若无人的哭泣;项羽在四面楚歌的军帐中慷慨悲歌;杨朱面对岐路时泪流而下;阮籍驾车到无路可行的时候放声痛哭。每次想到这些,虽然已经过去千年,也不免感慨万千,兴叹不已。

初弹如珠后如缕①,一声两声落花雨。诉尽平生云水心②,尽是春花秋月语。

〔注释〕

①缕:丝线。

②云水心:像浮云流水般漂泊无定的心。

〔译文〕

开始演奏的琴声像珍珠落在玉盘上,之后便像丝线一样,不绝如缕,如同一声两声雨滴落在花间。琴声中倾诉尽平生坎坷曲折的心情,却都是春花秋月的柔声细语。

清文满箧①,非惟芍药之花;新制连篇②,宁止葡萄之树。

〔注释〕

①箧(qiè):小箱子。

②新制:新的作品。

〔译文〕

清新的文章装满了箱子,并非只赞美芍药花;新的作品接连不断,滋味不止像新鲜奇异的葡萄。

醉把杯酒[①],可以吞江南吴越之清风;拂剑长啸,可以吸燕赵秦陇之劲气。

〔注释〕

①把:把持。

〔译文〕

醉意把酒,可以吞吐江南吴越的清丽之风;拂剑长啸,可以吸纳燕赵秦陇的强劲之气。

良缘易合,红叶亦可为媒;知己难投,白璧未能获主[①]。

〔注释〕

①“知己难投”二句:化用楚人卞和献玉的典故。《韩非子》记载,卞和得到一块美玉,先后进献给厉王、武王,却被以欺骗之罪砍去双脚,这块玉便是闻名于后世的和氏璧。

〔译文〕

一段良缘如果容易投合的话,那么一片红叶就可以当作媒人；如果遇不到知己，即使是洁白无瑕的美玉，也终究难以找到主人。

书题蜀纸愁难浣①，雨歇巴山话亦陈②。

〔注释〕

①蜀纸：蜀地盛产纸张，纸质较好。浣：浣洗。

②雨歇巴山话亦陈：化用李商隐《夜雨寄北》："君问归期未有期，巴山夜雨涨秋池。何当共剪西窗烛，却话巴山夜雨时。"

〔译文〕

用蜀纸来书写情怀，也难以洗掉自己心头的忧愁。巴山的夜雨已经停歇，反复诉说的话语也变得陈旧。

听风声以兴思①，闻鹤唳以动怀②；企庄生之逍遥③，慕尚子之清旷④。

〔注释〕

①听风声以兴思：语出《世说新语·识鉴》："张季鹰辟齐王东曹掾，在洛见秋风起，因思吴中莼菜羹、鲈鱼脍，曰：'人生贵得适意尔，何能羁宦数千里以要名爵！'遂命驾便归。"

②闻鹤唳以动怀：语出《世说新语·尤悔》，记载陆平原在河桥战败，因卢志诋毁而被诛杀，行刑前感叹："欲闻华亭鹤唳，可复得乎？"

③庄生：指庄周，其所作《庄子》首篇为《逍遥游》。

④尚子：指尚长，东汉朝歌（今河南淇县）人，隐避不仕，办完子女嫁娶

事，说“当如我死矣”。与禽庆同游五岳名山，后不知所终。

〔译文〕

听到风声就引发了思乡之情，听闻野鹤啼叫便触动情怀；企求能像庄子那样逍遥自在，仰慕尚子的清雅旷达。

渔舟唱晚，响穷彭蠡之滨；雁阵惊寒，声断衡阳之浦①。

〔注释〕

①“渔舟唱晚”四句：出自唐代王勃《滕王阁序》。响穷：响彻。彭蠡（lǐ）：鄱阳湖的古称，在今江西省境内。衡阳：位于今湖南省境内，相传此地又称回雁峰，大雁到此地就不再南飞。

〔译文〕

傍晚时分，渔船上传来歌声，响彻鄱阳湖畔；大雁为寒冷所惊，排成队形往南飞，凄凉的叫声在衡阳江岸传开。

杏子轻衫初脱暖，梨花深院自多风。

〔译文〕

天气变暖，杏花凋谢，杏子好像是自己脱去了薄薄的衣衫；深院中梨花满地，好像是自己飘落成风。

卷　三

〔题解〕

“峭”字多用来描写山势陡险，用于形容人的性格上，多表现为严厉、严峻。因而卷三与本书其他卷的风花雪月、儿女情长所不同，体现了作者在“醒”之后，对于君子自身操守品行的一种反省。

作者对现实的不满，使其对人性有更深刻的认识。在俗世中保持一种清醒的状态，同时要守住“峭”心，严苛要求自己，达到更高的境界和层次。这既是君子个人道德修养的追求，也是中国传统儒家文化对士人的要求，与当时的社会现实密切相关。乱世之中，砥砺自我，守住本心，才不会使君子本色磨灭。

峭

今天下皆妇人矣。封疆缩其地[①]，而中庭之歌舞犹喧；战血枯其人，而满座貂蝉之自若[②]。我辈书生，既无诛乱讨贼之柄[③]，而一片报国之忱，惟于寸楮尺字间见之[④]，使天下之须眉而妇人者[⑤]，亦耸然有起色。集峭第三。

〔注释〕

①封疆:疆域,国土。

②貂蝉:指貂尾和附蝉,古代权贵的人常以此为饰,此处代指达官显贵。

③柄:权柄。

④楮(chǔ):纸的代称。

⑤须眉:指男子。

〔译文〕

现今天下都作妇女的样子。眼看着国土缩减,然而庭堂中依旧歌舞升平;战士们血洒疆场为国捐躯,而满朝文武却仿佛无事发生。我们这些书生,既没有平定叛乱、讨伐逆贼的权柄,也就只有一片报国的热忱,寄托于笔端,流露于字里行间,使天下那些身为男子却行为举止似妇女的人,能够读完之后耸然而惊,有所改进。于是编纂了第三卷"峭"。

忠孝吾家之宝,经史吾家之田①。

〔注释〕

①田:田地,此处指安身立命的根本。

〔译文〕

忠义孝顺是我家的传家之宝,经史书籍是我家安身立命的根本。

兴之所到，不妨呕出惊人[1]；心故不然[2]，也须随场作戏。

〔注释〕

①呕出：说出。

②不然：不以为然。

〔译文〕

兴致来了的时候，不妨说出惊人的话；虽然心中不以为然，也仍需逢场作戏一番。

放得俗人心下，方可为丈夫；放得丈夫心下，方名为仙佛；放得仙佛心下，方名为得道。

〔译文〕

将俗世之心放下，才可成为大丈夫；将大丈夫之心放下，才可称为仙佛；将成仙成佛的心放下，才可以彻悟世间事物。

宁为真士夫[1]，不为假道学；宁为兰摧玉折，不作萧敷艾荣[2]。

〔注释〕

①真士夫：真正的读书人。

②"宁为兰摧玉折"二句：语出《世说新语·言语》。兰、玉，兰草、美玉，比喻高洁的品格。萧、艾，两种恶草名。《离骚》："何昔日之芳草，今直

为此萧艾也。”敷、荣，开花。

〔译文〕

宁可做一个真正的读书人，也不做一个伪装有道德学问的人；宁可像兰草一样被摧折，美玉一样被粉碎，也不要像萧艾这样的野草一样长得茂盛。

少言语以当贵，多著述以当富[①]；载清名以当车，咀英华以当肉[②]。

〔注释〕

①著述：著书立说。

②咀英华：把玩欣赏的诗文。

〔译文〕

将少言寡语当作珍贵的品格，将著书立说当作富有；将一路留下清美名誉当作行车走马，将把玩诗文当作美味佳肴。

竹外窥鸟[①]，树外窥山，峰外窥云，难道我有意无意[②]；鹤来窥人，月来窥酒，雪来窥书，却看他有情无情。

〔注释〕

①窥：窥探。

②难道：很难说。

〔译文〕

在竹林外看鸟，在树林外看山，从山峰外看云，很难说清自己是有意还是无意；仙鹤出来看人，月亮出来看酒，下雪的时候看书，却要看它有情还是无情。

有大通必有大塞①，无奇遇必无奇穷。

〔注释〕

①塞：堵塞。

〔译文〕

事情极其顺利，必定会遇到极大的阻碍；没有奇妙的际遇也就没有极端的困厄。

一失脚为千古恨①，再回头是百年人②。

〔注释〕

①失脚：比喻犯下错误。
②百年人：指百岁老人。

〔译文〕

一不小心犯下错误，可能就会遗憾终生，再回头反省时，已经是百年之身难以挽回。

居轩冕之中[①]，要有山林的气味；处林泉之下，常怀廊庙的经纶[②]。

〔注释〕

①轩冕：原指古时大夫以上官员的车乘和冕服，后引申为达官显贵。《管子·立政》："修生则有轩冕、服位、穀禄、田宅之分，死则有棺椁、绞衾、圹垄之度。"

②廊庙：指朝堂。经纶：治国的才能。

〔译文〕

享有高官厚禄的人，要有隐居山林淡泊名利的志趣；身处山林清泉之下的人，要常常怀有治国安邦的才能。

平民种德施惠[①]，是无位之公卿；仕夫贪财好货，乃有爵的乞丐。

〔注释〕

①种德：施恩德于人。

〔译文〕

平民百姓广积善德、布施恩惠，便是没有爵位的公卿大夫；在朝的官员，如果贪财图利，就是有爵位的乞丐。

一纸八行[①]，不过寒温之句；鱼腹雁足[②]，空有来往之烦。是以嵇康不作[③]，严光口传[④]，豫章掷之水中[⑤]，陈泰挂之壁上⑥。

〔注释〕

①一纸八行：旧时信笺多每页八行，故多指书信。

②鱼腹雁足：指书信。鱼腹传书，见汉代蔡邕《饮马长城窟行》："客从远方来，遗我双鲤鱼。呼儿烹鲤鱼，中有尺素书。"雁足，见《汉书·苏武传》，苏武被困匈奴，最后将帛书系在雁足上，与汉朝通信，汉朝知晓后派使者前往匈奴接回苏武。

③嵇康不作：语出嵇康《与山巨源绝交书》："素不便书，又不喜作书，而人间多事，堆案盈机，不相酬答，则犯教伤义，欲自勉强，则不能久。四不堪也。"

④严光口传：典出《后汉书·严光列传》，严光与光武帝曾一同游学，光武帝即位，派使者带上书信请严光辅佐自己，严光派人带去口信："君房足下：位至鼎足，甚善。怀仁辅义天下悦，阿谀顺旨要领绝。"

⑤豫章掷之水中：典出《世说新语·任诞》："殷洪乔作豫章郡，临去，都下人因附百许函书。既至石头，悉掷水中，因祝曰：'沉者自沉，浮者自浮，殷洪乔不能作致书邮！'"

⑥陈泰挂之壁上：《三国志·魏书·陈泰传》："泰为并州刺史，使持节，护匈奴中郎将，京邑贵人多寄宝货，因泰市奴婢，泰皆挂之于壁，不发其封，及征为尚书，悉以还之。"

〔译文〕

每页八行的信笺，不过都是些嘘寒问暖的话；鱼腹雁足传达的书信，也只是徒自增添来往的烦恼。所以嵇康不喜欢写书信，严光也只是口授，殷洪乔将函书丢在水里，陈泰则把信挂在墙上。

才智英敏者，宜以学问摄其躁[①]；气节激昂者，当以德性融其偏[②]。

〔注释〕

①摄：统摄。躁：浮躁。

②融：融合，融化。偏：偏激。

〔译文〕

才华智慧敏捷出众的人，最好用学问来收摄浮躁之气；志向和气节激烈昂扬的人，应当修养德性来融化性格偏激的地方。

宇宙内事[①]，要担当，又要善摆脱。不担当，则无经世之事业[②]；不摆脱，则无出世之襟期[③]。

〔注释〕

①宇宙内事：天下之事。

②经世：经国济世。

③襟期：胸襟，襟怀。

〔译文〕

天下的事情，要勇于去承担，又要善于摆脱。不去承担，便没有经国济世的事业；不解脱牵绊，便没有超凡脱俗的胸襟。

待人而留有余不尽之恩，可以维系无厌之人心[①]；

御事而留有余不尽之智[2],可以提防不测之事变[3]。

〔注释〕

①厌:满足。

②御事:处理事情。

③不测:无法预测。

〔译文〕

对待别人要留一份多余而不断绝的恩惠,这样可以维系不知满足的人心;处理事情要保留多余而不会枯竭的智慧,可以预防无法预测的变故。

无事如有事时提防,可以弭意外之变[1];有事如无事时镇定,可以销局中之危。

〔注释〕

①弭:消弭,消除。

〔译文〕

平安无事的时候,像随时有事发生一样有所提防,可以消除意外发生的变故;有事情发生的时候,像平安无事的时候一样镇定,可以消除眼前的危险。

荣宠傍边辱等待,不必扬扬[1];困穷背后福跟随,何须戚戚[2]。看破有尽身躯,万境之尘缘自息[3];悟入无怀境界[4]，一轮之心月独明。

〔注释〕

①扬扬：形容洋洋得意的样子。

②戚戚：形容十分伤心的样子。

③自息：自然会熄灭。

④无怀：指没有牵挂。

〔译文〕

荣华与恩宠的旁边会有耻辱在等待，没有必要洋洋得意；贫困和穷苦的背后有幸福跟随，无须悲伤。看破了人生中有限的道理，那么各种各样的尘世俗念便自然会熄灭；领悟到了心无牵挂的境界，心间就像一轮明月挂在天空中。

霜天闻鹤唳[1]，雪夜听鸡鸣，得乾坤清绝之气[2]；晴空看鸟飞，活水观鱼戏，识宇宙活泼之机。

〔注释〕

①唳(lì)：鸟类高声鸣叫。

②乾坤：天地。

〔译文〕

深秋时节听鹤鸣，飘雪之夜听鸡叫，可以感受到天地间清净优雅的气韵；仰起头看晴朗的天空上鸟儿在飞翔，低下头看潺潺的流水里鱼儿在嬉戏，识得天地间活泼的生机。

斜阳树下，闲随老衲清谭；深雪堂中，戏与骚人白战[1]。

〔注释〕

①骚人：指文人墨客。白战：本指徒手搏斗作战，此处指“白战体”，又称“禁字体”，即赋诗时，预定不准犯某某等字。

〔译文〕

斜阳西下时，与老僧在树下悠闲地清谈；下着大雪的日子，与文人在庭堂中作禁字体诗取乐。

山月江烟，铁笛数声[1]，便成清赏；天风海涛，扁舟一叶，大是奇观[2]。

〔注释〕

①铁笛：铁制的笛子，相传隐士善吹此笛，笛声响亮。

②大是：的确是。

〔译文〕

山中月色朦胧，江上烟雾弥漫，传来铁笛声声，可称得上清心之赏；天上狂风大作，海中波涛汹涌，一叶扁舟在惊涛骇浪中穿行，的确是一大奇观。

秋风闭户，夜雨挑灯，卧读《离骚》泪下；霁日寻芳[1]，春宵载酒，闲歌乐府神怡。

〔注释〕

①霁日：晴日。

〔译文〕

秋风萧瑟，紧闭门户，夜雨淅沥，拨动灯火，卧床读《离骚》，不禁潸然泪下；晴天时游玩赏花，春夜里载酒而行，悠闲地唱着乐府歌曲，不禁心旷神怡。

云水中载酒，松篁里煎茶[1]，岂必銮坡侍宴[2]；山林下著书，花鸟间得句，何须凤沼挥毫[3]。

〔注释〕

①松篁(huáng)：松与竹。

②銮坡：指翰林院。宋代叶梦得《石林燕语》："唐德宗时，尝移学士院于金銮坡上，故亦称銮坡。"

③凤沼：即凤凰池，禁苑中池沼。魏晋南北朝时设中书省于禁苑，掌管机要，接近皇帝，故称中书省为"凤沼"。荀勖由中书监升任尚书令，人有贺之者，勖曰："夺我凤凰池，诸君贺我耶？"

〔译文〕

在云水之间载酒而行，松竹林间汲水煎茶，难道一定要在翰林院侍奉皇帝宴饮？在山林里著书立说，花鸟中间得到佳句，何必一定要到凤凰池挥毫泼墨。

人生不好古,象鼎牺尊①,变为瓦缶;世道不怜才②,凤毛麟角③,化作灰尘。

〔注释〕

①象鼎牺尊:代指珍贵古玩。象鼎:以象纹饰鼎。牺尊:古代酒器,作牺牛形,也有在尊腹刻画牛形者。《诗·鲁颂·闷宫》:“白牡骍刚,牺尊将将。”

②怜:怜惜,爱惜。

③凤毛麟角:凤凰的羽毛,麒麟的角,比喻珍贵而稀少的人或物。

〔译文〕

人生在世,如果不喜爱古玩,那么象鼎牺尊,也会被视作瓦片器缶;世道人心,如果不怜爱人才,纵使像凤毛麟角一样珍贵,也会化作灰尘湮没。

风尘善病①,伏枕处一片青山;岁月长吟,操觚时千篇《白雪》②。亲兄弟折箸③,璧合翻作瓜分;士大夫爱钱,书香化为铜臭。心为形役④,尘世马牛;身被名牵⑤,樊笼鸡鹜⑥。

〔注释〕

①善病:容易生病。

②操觚(gū):指写作。觚,古代用来写字的木简。

③折箸(zhù):折断筷子,比喻不和睦,要分家。

④形役:为形骸所拘束。

⑤牵:束缚。

⑥鸡鹜:鸡鸭。

〔译文〕

风尘仆仆,奔波忙碌,容易染病,一旦伏枕养神,眼前便像出现一片青山般令人欣喜;岁月漫长,常常吟诵,拿笔时便能写出很多篇像《白雪》一样优秀的诗作。亲兄弟不团结,就像一块完整的璧玉被瓜分开;读书人贪爱钱财,那么浓郁的书香就会化为铜臭味。内心被形骸所奴役,便如同俗世的牛马一样苦累;身体被名声所牵绊,则像笼子中关着的鸡鸭一样没有自由。

懒见俗人,权辞托病①;怕逢尘事,诡迹逃禅②。

〔注释〕

①权:权且,暂且。

②诡迹逃禅:隐藏行迹,逃避世事,参禅悟道。

〔译文〕

懒得见凡夫俗子,暂且托词生病来推脱;不愿参与尘世间的事情,隐藏行迹,逃避世事来参禅悟道。

人不通古今,襟裾马牛①;士不晓廉耻,衣冠狗彘②。

〔注释〕

①“人不通古今”二句:语出唐代韩愈《符读书城南》:“人不通古今,

马牛而襟(jīn)裾。”襟裾，衣的前襟或后襟，此处借指衣服。

②彘(zhì)：猪。

〔译文〕

一个人如果不能通晓古今的道理，那就和穿着衣服的牛马没什么两样；读书人如果不知道礼义廉耻，那无异于穿着衣服的狗猪。

道院吹笙，松风袅袅；空门洗钵，花雨纷纷①。

〔注释〕

①“空门洗钵”二句：《续高僧传》载：高僧法云在讲授佛经时，忽然漫天的鲜花飘落，到了堂内，却升空不坠。空门：即佛门。洗钵(bō)：师徒相传时，以衣钵作为信物，此处指传授经法。

〔译文〕

在道院里吹笙，道院外松林风声袅袅，与之应和；在佛门中讲授经法，忽然漫天花瓣纷纷飘落。

囊无阿堵①，岂便求人；盘有水晶②，犹堪留客。

〔注释〕

①阿(ē)堵：六朝和唐时口语，犹言这个。阿堵物即钱。《世说新语·规箴》：“王夷甫雅尚玄远，常嫉其妇贪浊，口未尝言钱字。妇欲试之，令婢以钱绕床不得行。夷甫晨起，见钱阂行，呼婢曰：‘举却阿堵物！’”

②水晶：代指虾，典出宋代陶穀《清异录 · 水晶人》："二三友来访，买得虾蟹具馔，语及唐士人逆风至长须国娶虾女事，坐客谢谦冲曰：'虾女岂不好，白角衫里裹个水晶人。'满筵无不大笑。"

〔译文〕

口袋里没有钱，怎么好开口求人；盘子里还有虾，还可以招待客人。

种两顷附郭田①，量晴较雨②；寻几个知心友，弄月嘲风。

〔注释〕

①附郭田：古时有城、郭之分，附郭田指城郊的田地，此处泛指所有土地。

②量：计量，推算。

〔译文〕

在城郊种两顷田地，预测天气的阴晴变化；找几个知心的朋友，欣赏明月清风的景致，吟诗作赋。

着履登山①，翠微中独逢老衲②；乘桴浮海③，雪浪里群傍闲鸥。才士不妨泛驾④，辕下驹吾弗愿也⑤；诤臣岂合模棱⑥，殿上虎君无尤焉⑦。

〔注释〕

①履：鞋子。

②翠微:代指青山。

③桴(fú):木筏。

④泛驾:翻车,比喻不受约束。《汉书·武帝纪》:"夫泛驾之马,跅弛之士,亦在御之而已。"

⑤辕下驹:指车辕下不惯驾车的幼马,也比喻少见世面器局不大的人。《史记·魏其武安侯列传》:"上怒内史曰:'公平生数言魏其、武安长短,今日廷论,局趣效辕下驹,吾并斩若属矣。'"张守节《正义》引应劭言:"驹马加著辕。局趣,纤小之貌。"

⑥模棱:指说话含糊不清。《新唐书·苏味道列传》载,苏味道任宰相时,常谓人曰:"决事不欲明白,误则有悔,模棱持两端可也。"故时人称之"模棱手"。

⑦殿上虎:宋代刘安世的绰号,《宋史·刘安世列传》载:"其面折廷争,或帝盛怒,则执简却立,伺怒稍解,复前抗辞,旁侍者远观,蓄缩悚汗,目之曰'殿上虎',一时无不敬摄。"尤:归咎,怪罪。

〔译文〕

穿上鞋子登山,青翠的山色中遇到老僧;坐着小船漂浮海上,雪白的浪花里有成群的海鸥翱翔。有才华的人不妨不受拘束,做车辕下的马驹,实在不是我所希望的;直言进谏的臣子怎么能说模棱两可的话,像刘安世那种殿上虎,帝王是不会怪罪的。

荷钱榆荚[①],飞来都作青蚨[②];柔玉温香,观想可成白骨。

〔注释〕

①荷钱榆荚:代指钱。荷钱,初生的荷叶,圆小如钱。榆荚,榆树的果

实连缀成串，形似铜钱。

②青蚨(fú)：一种昆虫。晋代干宝《搜神记》载："南方有虫……又名青蚨，形似蝉而稍大，味辛美，可食。生子必依草叶，大如蚕子，取其子，母必知处。以母血涂钱八十一文，以子血涂钱八十一文，每市物，或先用母钱，或先用子钱，皆复飞归，轮转无已，故淮南子术以之还钱，名曰青蚨。"

〔译文〕

金钱得到后都应视作青蚨，飞来还会飞去；温柔香软的女子，想来也只是一堆白骨。

旅馆题蕉[①]，一路留来魂梦谱；客途惊雁，半天寄落别离书。歌儿带烟霞之致[②]，舞女具丘壑之资[③]，生成世外风姿，不惯尘中物色。

〔注释〕

①蕉：芭蕉叶。

②烟霞之致：超脱于尘世外的烟霞的韵致。

③丘壑之资：不同于俗世林间田园的资质。

〔译文〕

在旅馆中将诗题在芭蕉叶上，一路走来留下多少魂牵梦萦的诗谱；旅途中惊起一行行大雁，半空中飘落下远方寄来的别离书信。歌唱的儿童有着烟霞的韵致，起舞的女子带有林泉山壑的资质，生来就具有世外才有的风姿，不习惯这尘世中的风景。

今古文章，只在苏东坡鼻端定优劣[1]；一时人品，却从阮嗣宗眼内别雌黄。

〔注释〕

①“今古文章”二句：黄庭坚元祐三年省试锁院时对苏东坡的文章鉴别力下过一赞语：“其他在间伎俩，诸君或胜东坡，至于评论文章，东坡鼻端一嗅，可定优劣。”此语传出后，“诸生亦多以为然”。

〔译文〕

古往今来的文章，只要苏东坡用鼻端一闻，便知道优劣；一时的人品，可以从阮籍的眼里分出好坏。

魑魅满前，笑著阮家无鬼论[1]；炎嚣阅世，愁披刘氏《北风图》[2]。气夺山川，色结烟霞。

〔注释〕

①“魑(chī)魅满前”二句：《搜神记》载，阮瞻主张无鬼论，并常与人争论。一天有客十分善辩，阮瞻与之争辩很久，也没有被客说服。客于是说：“鬼神，古今圣贤所共传，君何得独言无？即仆便是鬼。”随后变为异形，消失在阮瞻面前。魑魅，即鬼怪。

②“炎嚣阅世”二句：《太平广记》记载：“后汉刘褒，桓帝时人，曾画《云汉图》，人见之觉热。又画《北风图》，人见之觉凉。”

〔译文〕

眼前全是鬼魅，依然笑着写下阮瞻的无鬼论；在这喧嚷纷扰的尘世间，忧愁时披览刘褒的《北风图》。气势盖过了连绵山川，墨色凝结了烟霞的郁气。

诗思在灞陵桥上[①]，微吟处林岫便已浩然[②]；野趣在镜湖曲边[③]，独往时山川自相映发[④]。

〔注释〕

①诗思在灞陵桥上：宋代孙光宪《北梦琐言》记载：唐相国郑綮有诗名，有人问："相国近有新诗否？"对曰："诗思在灞桥风雪中驴背上，此处何以得之？"灞陵桥：即灞桥。《三辅黄图》："灞桥在长安东，跨水作桥。汉人送客至此桥，折柳赠别。"

②林岫（xiù）便已浩然：语出《世说新语·言语》："道壹道人好整饰音辞，从都下还东山，经吴中，已而会雪下，未甚寒。诸道人问在道所经，壹公曰：'风霜固所不论，乃先集其惨澹。郊邑正自飘瞥，林岫便已皓然。'"林岫，丛林群山，泛指山林。

③野趣在镜湖曲边：《新唐书·贺知章列传》："天宝初，病，梦游帝居，数日寤，乃请为道士还乡里，诏许之，以宅为千秋观而居，又求周宫湖数顷为放生池，有诏赐镜湖剡川一曲。"镜湖，又称鉴湖，今浙江绍兴城西南。

④山川自相映发：语出《世说新语·言语》："王子敬云：'从山阴道上行，山川自相映发，使人应接不暇，若秋冬之际，尤难为怀。'"

〔译文〕

写诗的灵感在灞桥上，轻声吟诵，山峰丛林便显得气势阔大；山野的意趣在镜湖边，独自前行，山水相映令人应接不暇。

至音不合众听[①]，故伯牙绝弦[②]；至宝不同众好，故卞和泣玉。看文字，须如猛将用兵，直是鏖战一阵[3]；亦如酷吏治狱[4]，直是推勘到底[5]，决不恕他[6]。

〔注释〕

①至音：极为高雅的音乐。

②伯牙绝弦：《吕氏春秋》载，伯牙、锺子期为知己，“锺子期死，伯牙破琴绝弦，终身不复鼓琴，以为世无足复为鼓琴者”。

③鏖（áo）战：指与人激烈地战斗。

④酷吏：滥施刑罚、残害人民的官吏。治狱：处理狱案。

⑤推勘：推理勘查。

⑥恕：饶恕。

〔译文〕

最高雅的音乐不被众人接受欣赏，所以伯牙折断琴弦；最珍贵的宝物无法得到众人的喜爱，所以卞和抱着和氏璧痛哭。欣赏文章，要像勇猛的将领打仗用兵一样，简直是一阵激烈的战斗；又要像严苛的官吏审判案件一样，追究到底，绝不轻易放过。

名山乏侣[1]，不解壁上芒鞋[2]；好景无诗，虚携囊中锦字[3]。

〔注释〕

①侣：伴侣。

②芒鞋：草鞋。

③虚携囊中锦字：唐代李商隐《李贺小传》：“恒从小奚奴，骑距驴，背

一古破锦囊,遇有所得,即书投囊中。”

〔译文〕

如果名山大川没有知己同游,那么宁可不解下墙上挂着的草鞋出去;遇到美好的景色却没有好诗助兴,就算是带着锦囊也是无用。

辽水无极,雁山参云;闺中风暖,陌上草薰①。

〔注释〕

①“辽水无极”四句:出自南朝江淹《别赋》。辽水:辽河的古称。雁山:今山西北部雁门山。辽水、雁山都代指从军出征的边塞。

〔译文〕

辽河水没有边际,雁门山高耸入云;闺房中有暖风吹过,乡间小路上散发着芳草的清香。

秋露如珠,秋月如珪。明月白露,光阴往来。与子之别,心思徘徊①。

〔注释〕

①“秋露如珠”六句:语出江淹《别赋》。珪(guī):同“圭”,古玉器名,上端为三角形,下端正方,以“珪月”代指未圆的秋月。

〔译文〕

秋天的露珠像珍珠,秋天的月亮如同美玉。晶莹的露珠和皎洁的月光交相辉映，时光往来。与心上人分别之后，心中十分思念，来回徘徊。

声应气求之夫[①]，决不在于寻行数墨之士[②]；风行水上之文[③]，决不在于一句一字之奇。

〔注释〕

①声应气求：指志趣相投。《周易·乾》："同声相应，同气相求。"

②寻行数墨：只会诵读文句，不能理解义理。朱熹《易》："须知三绝韦编者，不是寻行数墨人。"

③风行水上：《周易·涣》："风行水上，涣。"

〔译文〕

志趣相投的朋友，绝不在那些只会诵读文句而不知义理的人中间；像风行水上，自然天成的好文章，也不在于一字一句的奇特。

春至不知湘水深，日暮忘却巴陵道。

〔译文〕

春天来了，一片碧绿，看不出湘水的深浅；夜幕降临，漆黑苍茫，忘记了巴陵道有多长。

奇曲雅乐，所以禁淫也[①]；锦绣黼黻[②]，所以御暴也。缛则太过[③]，是以檀卿刺郑声[④]，周人伤北里[⑤]。静若清夜之列宿[⑥],动若流彗之互奔[⑦]。振骏气以摆雷[⑧],飞雄光以倒电[⑨]。

〔注释〕

①淫:指低俗的音乐。

②黼黻(fǔfú):礼服上所绣的华美花纹。《淮南子·说林训》:"黼黻之美,在于杼轴。"高诱注:"白与黑为黼,青与赤为黻,皆文衣也。"

③缛:繁琐华丽。

④檀卿:指战国时鲁人檀弓。《礼记》中有《檀弓》一篇。郑声:指春秋战国时郑国的音乐,因与孔子等提倡的雅乐不同,受儒家排斥。

⑤北里:古代舞曲名,《史记·殷本纪》:商纣王荒淫,"妲己之言是从,于是使师涓作新淫声,北里之舞,靡靡之乐。"

⑥宿(xiù):星宿。

⑦流彗:流星。

⑧骏气:宏大的气势。摆:摆脱。

⑨倒:压倒。

〔译文〕

美妙而高雅的音乐可以陶冶情操,所以用来禁绝淫声之乐;锦绣的礼服和上面所绣的华丽纹饰,所以用来抵御强暴。但花纹不可以过于繁琐华丽,所以檀弓抨击郑国的音乐,周人批评商纣王的北里舞曲。静时像清朗的夜空中诸多星宿依次排列,动时像流星交互奔落一样。振荡起宏大的气势来摆脱风雷,飞驰的雄伟光芒足以压倒闪电。

停之如栖鹄,挥之如惊鸿。飘缨蕤于轩幌[①],发晖曜于群龙。始缘甍而冒栋[②]，终开帘而入隙。初便娟于墀庑[③]，末萦盈于帏席[④]。

〔注释〕

①缨蕤（ruí）：本指帽子上的饰物，此处指旗帜上的饰物。轩：古代一种四周有帷幕的车。幌：帘帷。

②甍（méng）：屋脊。冒：覆盖。

③便（pián）娟：回旋飞舞貌。墀庑（chíwǔ）：堂下台阶上的空地。

④萦盈：回旋轻捷貌。帏席：帷帐和床席，指寝息的地方。

〔译文〕

停下来的时候像栖息的鹄鸟，挥动起来像惊飞的鸿雁。车帘上悬挂的饰物飘扬，旗帜上的群龙发出耀眼的光芒。开始时雪花顺着屋脊慢慢覆盖房屋，后来终于吹开帘子从缝隙中飘进来。起初回旋飞舞在堂下和台阶前，后来飘飞在帷帐床席之间。

云气荫于丛蓍[①]，金精养于秋菊[②]。落叶半床，狂花满屋。

〔注释〕

①蓍（shī）：卜筮用的草。

②金精：九月上寅日所采的甘菊。

〔译文〕

青云荫覆着蓍草丛，金精生养在秋菊之中。落叶纷飞落满半床，满屋都是被狂风吹落的花瓣。

雨送添砚之水[1]，竹供扫榻之风[2]。

〔注释〕

①添砚之水：砚台中需要添加的水。
②供：提供。

〔译文〕

雨送来了砚台中需要添加的水，竹林吹来了打扫竹榻的清风。

举黄花而乘月艳，笼黛叶而卷云翘[1]。

〔注释〕

①黛叶：此处指乌黑的头发。云翘：高耸的发髻。

〔译文〕

举起黄花，趁着月色插在头上；拢一下乌黑的头发，挽成高高的发髻。

垂纶帘外[1]，疑钩势之重悬；透影窗中，若镜光之开照。

〔注释〕

①垂纶：垂钓。

〔译文〕

在帘外的池塘中垂钓，鱼钩下沉，怀疑是被鱼咬了钩；池水透过窗子反射出的影子，像镜子打开之后照着。

叠轻蕊而矜暖[1]，布重泥而讶湿[2]。迹似连珠[3]，形如聚粒。

〔注释〕

①矜暖：温暖。

②讶：惊讶。

③迹：行迹。

〔译文〕

花瓣重重叠叠地包裹着花蕊，看起来十分温暖；衔来湿泥涂抹在筑好的巢外，惊讶于巢的精细程度。衔来衔去好像在串连珍珠，筑起的巢穴像聚集的颗粒。

霄光分晓[1]，出虚窦以双飞[2]；微阴合暝[3]，舞低檐而并入。

〔注释〕

①分晓：拂晓。

②虚窦：虚掩的鸟巢。

③微阴合暝：天色即将晦暗的时候。

〔译文〕

天刚蒙蒙亮的时候，燕子从虚掩的鸟巢中成双成对地飞出；夜幕即将降临，又从低檐下飞舞着一块回巢。

任他极有见识[1]，看得假认不得真[2]；随你极有聪明，卖得巧藏不得拙。

〔注释〕

①任：任凭。
②认：辨认。

〔译文〕

无论他多么有见识，往往只看得到假象，分辨不出真相；随你多么聪明，也许可以卖得一份巧，却藏不住自身的愚笨之处。

伤心之事，即懦夫易动怒发；快心之举[1]，虽愁人亦开笑颜[2]。

〔注释〕

①快心：大快人心。
②虽：即使。

〔译文〕

伤害人心的事情，就算是懦夫也要怒发冲冠；大快人心的行为，即使愁眉苦脸的人也会笑逐颜开。

论官府不如论帝王，以佐史臣之不逮[①]；谈闺阁不如谈艳丽，以补风人之见遗[②]。

〔注释〕

①佐：辅助，补充。不逮：不及。

②风人：古代采集民歌风俗等以观民风的官员。见遗：被遗漏。

〔译文〕

谈论官府的事情不如谈论帝王，以此来补充修史之臣的疏漏；谈论闺阁的事情不如谈论才子佳人的艳情，来补充采风之人的遗漏。

是技皆可成名，天下惟无技之人最苦；片技即足自立[①]，天下惟多技之人最劳[②]。

〔注释〕

①足：足以。

②劳：劳累。

〔译文〕

只要有专门的技艺，就有成名的机会，天下只有那些没有一技之长的人生活得最辛苦；只要一项技能做到最好，就可以立足，天下只有精通多门技艺的人活得最劳累。

傲骨、侠骨、媚骨，即枯骨可致千金[①]；冷语、隽语、韵语，即片语亦重九鼎[②]。

〔注释〕

①枯骨可致千金：《战国策·燕策》载，古代君王，有用千金求千里马者，三年不能得。涓人受君主派遣，三月后得到一匹死去的千里马。君主花五百金买马首，于是不到一年得到三匹千里马。

②片语亦重九鼎：《史记·平原君虞卿列传》载，秦昭王十五年，秦围赵都邯郸，赵使平原君赴楚国求救，毛遂自荐同去，并顺利取得楚国援助。平原君称赞毛遂："毛先生一至楚，而使赵重于九鼎大吕。"

〔译文〕

不管是傲骨、侠骨还是媚骨，即使是枯骨也可值千金；无论是冷语、隽语还是韵语，哪怕是片言只语也可以重于九鼎。

议生草莽无轻重[①]，论到家庭无是非。

〔注释〕

①草莽：指丛生的杂草，偏僻的乡间，比喻平庸、卑贱，引申为平庸、轻贱的人。

〔译文〕

议论产生在平民中间，则显得无足轻重；争论涉及家庭生活，也就没有是非对错。

圣贤不白之衷[1]，托之日月[2]；天地不平之气，托之风雷。

〔注释〕

①白：表露。衷：内心。

②托：托付。

〔译文〕

圣贤不能表露的内心，托付给日月昭示；天地间因不平而产生的怒气，体现在狂风鸣雷中。

书载茂先三十乘[1]，便可移家；囊无子美一文钱[2]，尽堪结客。有作用者[3]，器宇定是不凡；有受用者，才情决然不露。

〔注释〕

①书载茂先三十乘：茂先即晋代文学家张华。《晋书·张华列传》："（张华）雅爱书籍，身死之日，家无余财，惟有文史溢于几箧。尝徙居，载书三十乘。"

②囊无子美一文钱：杜甫，字子美，虽然穷困潦倒，但仍关心国计民生，曾作《空囊》诗："囊空恐羞涩，留得一钱看。"

③有作用者：有所作为的人。

〔译文〕

像张华那样，将书装满三十车，就可以搬家了；像杜甫那样身无分文，却仍可以结交朋友。有所作为的人，胸怀风度一定不寻常；懂得受益的人，才华一定不轻易表露出来。

松枝自是幽人笔①，竹叶常浮野客杯。

〔注释〕

①幽人笔：指隐居之人的笔。《云仙杂记》载，诗人司空图曾隐居中条山，他砍松枝作为笔杆，有人感到奇怪，他回答道："幽人笔，正当如是。"

〔译文〕

松枝自然是隐士手中的笔，竹叶常常漂浮在山人野客的杯中。

好山当户天呈画①，古寺为邻僧报钟。

〔注释〕

①当户：正对门户。

〔译文〕

美好的山景正对门前，这是上天呈现的美好画卷；与古老的寺庙为邻，时常听到僧人敲钟报时。

卷　四

〔题解〕

“灵”是本书中篇幅较大的一卷。轻盈、自然，着重表现万物有灵，是本卷的特色。

在作者笔下，天、地、人之间，有一股灵气在发挥作用，才可呈现出万古长新的气象。笔墨纸砚、琴棋书画，在平和闲适的状态里修身养性，在自然万物中感受世态变迁，是文人理想的生活方式。本卷中，山林草木，鸟兽禽鱼，都有着君子之风，作者想要提醒的是每一位士人，无论身在朝堂抑或隐居林下，都要保持平静的内心，坚持君子的操守，这才是属于士人的“灵”。

灵

天下有一言之微①，而千古如新；一字之义，而百世如见者，安可泯灭之②？故风、雷、雨、露，天之灵；山、川、民、物，地之灵；语、言、文、字，人之灵。罩三才之用③，无非一灵以神其间，而又何可泯灭之？集灵第四。

〔注释〕

①微：精深微妙。

②泯灭:消灭。

③罣(yì):观察,察看。三才:指天、地、人。《易·系辞下》:"有天道焉,有地道焉,有人道焉,兼三才而两之,故六,六者非它也,三才之道也。"

〔译文〕

天下有一句话精深微妙,历经千古依然拥有新意;有一个字意义巨大,流传百世仍然清晰,这些怎么能轻易让它们消失?所以,风、雷、雨、露是天的灵气;山、川、民、物是地的灵气;语、言、文、字是人的灵气。仔细观察天、地、人的作用所呈现出的现象,无非是一种灵气在其间发挥作用,又怎么能任它消失?于是编纂第四卷"灵"。

投刺空劳①,原非生计;曳裾自屈②,岂是交游。

〔注释〕

①投刺:投递名帖。刺,指名刺或名帖。

②曳裾(jū):"曳裾王门"的省称,比喻在王侯贵族门下作食客。《汉书·邹阳传》:"饰固陋之心,则何王之门不可曳长裾乎?"

〔译文〕

到处投递名帖求见别人,终究是徒劳,这原本不是谋生之道;提着衣襟卑躬屈膝奔走于王侯贵族之门,怎么能算是结交朋友?

事遇快意处当转①,言遇快意处当住②。

〔注释〕

①转：回转。

②住：打住。

〔译文〕

做事到了最顺利的时候，应当及时回转；说话遇到舒心快意的地方，应当及时打住。

志要高华①，趣要澹泊②。

〔注释〕

①高华：远大。

②趣：志趣。

〔译文〕

一个人的志向应该高远，生活情趣应该高雅淡泊。

茅屋竹窗，贫中之趣，何须脚到李侯门①；草帖画谱，闲里所需，直凭心游扬子宅②。

〔注释〕

①李侯：指李膺。《后汉书·李膺列传》："是时朝廷日乱，纲纪颓弛，膺独持风裁，以声名自高。士有被其容接者，名为登龙门。"

②扬子：指西汉扬雄，字子云，蜀郡成都人。《汉书》载"家素贫，嗜酒，

人希至其门”。卢照邻《长安古意》:“寂寂寥寥扬子居,年年岁岁一床书。”杜牧《川守大夫刘公早岁寓居敦行里肆有题壁十韵今之置第乃获旧居洛下大僚因有唱和叹咏不足辄献此诗》:“昔为扬子宅,今是李膺门。”

〔译文〕

茅屋竹窗,是贫困生活中的乐趣,何必一定要攀附李膺那样的龙门;草书画谱,是闲适生活中所需要的,只能凭心来游于扬子的宅第。

好香用以熏德①,好纸用以垂世,好笔用以生花,好墨用以焕彩,好茶用以涤烦②,好酒用以消忧。

〔注释〕

①熏德:熏陶德行。
②涤烦:洗涤烦恼。

〔译文〕

好香用来熏陶自己的德行,好纸用来书写传世的文字,好笔用来书写绝妙的文章,好墨用来渲染光彩夺目的画卷,好茶用来洗涤烦恼,好酒用来消除忧愁。

竹篱茅舍,石屋花轩;松柏群吟,藤萝翳景①;流水绕户,飞泉挂檐;烟霞欲栖,林壑将暝②。中处野叟山翁四五,予以闲身,作此中主人。坐沉红烛,看遍青山;消我情肠,任他冷眼。

〔注释〕

①翳(yì):遮蔽,遮盖。

②暝:晦暗。

〔译文〕

竹子编织的篱笆,茅草盖的房舍,石头砌成的墙壁布满鲜花;风吹松柏,发出阵阵声响,藤萝密布,遮蔽了日光;流水绕过门前,山上的瀑布仿佛挂在屋檐上;云霞烟雾想要在此处栖息,山林丘壑也即将被夜色笼盖。在其中,生活着野叟老翁四五人,而我悠闲无事,充当这里的主人。坐看红烛燃烧,看遍群山;排遣内心的情愁,不管别人的冷眼。

累月独处,一室萧条①。取云霞为侣伴,引青松为心知。或稚子老翁②,闲中来过,酌酒一壶,蹲鸱一盂③,相共开笑口,所谈浮生闲话,绝不及市朝④。客去关门,了无报谢,如是毕余生足矣。

〔注释〕

①萧条:寂寥冷清。

②稚子:儿童,小孩。

③蹲鸱(chī):大芋,因形状似蹲伏的鸱,故称。《史记·货殖列传》:"吾闻汶山之下,沃野,下有蹲鸱,至死不饥。"张守节《正义》:"蹲鸱,芋也。"

④市朝:朝廷市井。

〔译文〕

常年累月独自居住，满屋的寂寥清冷。将浮云烟霞视作伴侣，青松当作知己。偶尔老翁带着儿童来拜访，便取一壶浊酒，芋头一盆，把酒对饮，笑逐颜开，所聊的话题都是家常闲话，不谈朝廷市井的俗事。客人离开，轻掩柴门，没有感谢的客套话，像这样度过余生，已经很满足了。

如今休去便休去①，若觅了时了无时②。若能行乐，即今便好快活③。身上无病，心上无事，春鸟是笙歌，春花是粉黛。闲得一刻，即为一刻之乐，何必情欲乃为乐耶？

〔注释〕

①休去：停止。

②了（liǎo）时：了结的时候。

③即今：立刻，马上。

〔译文〕

如果现在想要休息，那就去休息，想要刻意寻找了结的时候，反而没有了结之时。如果能够及时行乐，那现在便是快活的时候。身体没有疾病，心中无事相扰，春鸟的叫声听起来像是美妙的音乐，春花看起来像是梳妆打扮的女子。能有清闲的一刻，便享受这一刻的快乐，何必一定要在情欲中追求快乐？

九山散樵迹[1]，俗间徜徉自肆，遇佳山水处，盘礴箕踞[2]。四顾无人，则划然长啸，声振林木。有客造榻与语，对曰："余方游华胥[3]，接羲皇[4]，未暇理君语。"客之去留，萧然不以为意。

〔注释〕

①九山：一说为泛指天下的名山，一说为实指九座名山，《淮南子》："何谓九山？会稽、泰山、王屋、首山、太华、岐山、太行、羊肠、孟门。"

②盘礴：不拘形迹，旷放自适。箕(jī)踞：两腿张开，两膝微曲着坐，形状像箕。一种不拘礼节、傲慢不敬的坐法。

③游华胥：据《列子》载，黄帝"昼寝而梦，游于华胥氏之国"，此处泛指做梦，梦游。

④羲皇：即上古时期部落首领伏羲氏，相传其曾作八卦图。

〔译文〕

九州的名山都散落着我采樵的足迹，在俗世间肆意徜徉，遇到山水美妙的地方，便随意地叉开腿来坐下。四下无人，就高声长啸，声音振动山林。有客人拜访交谈，便回答说："我刚刚正在游华胥国，与伏羲交谈，没有空来理会你的话。"客人去或者留，都不以为然。

闭门阅佛书，开门接佳客，出门寻山水，此人生三乐。

〔译文〕

关上门阅读佛经，打开门迎接贵宾，出门寻找山水美景，这便是人生中三大乐趣。

客散门扃[①],风微日落,碧月皎皎当空,花阴徐徐满地。近檐鸟宿,远寺钟鸣,茶铛初熟[②],酒瓮乍开。不成八韵新诗,毕竟一团俗气。

〔注释〕

①门扃(jiōng):从外面关上的门闩。此处指关门。

②茶铛(chēng):煎茶用的锅。

〔译文〕

客人散去后关上门,微风徐徐,夕阳已落,一轮皎洁的明月挂在碧蓝的天空,花儿的影子随着月光慢慢洒落一地。近处的屋檐下鸟儿已经栖息,远处的寺庙传来阵阵钟声,茶炉中的清茶刚刚煮好,酒瓮中的美酒也刚好开封。在这样的情景下,也不能吟成八韵的新诗,毕竟依旧是一团俗气。

秋月当天,纤云都净,露坐空阔去处,清光冷浸,此身如在水晶宫里,令人心胆澄彻[①]。

〔注释〕

①澄彻:澄净清澈。

〔译文〕

秋月悬挂在夜空中,天空中一丝云彩都没有,迎着露水坐在空阔的地方，清凉的月光浸透全身，像坐在水晶宫中，心神澄澈。

雪后寻梅，霜前访菊，雨际护兰，风外听竹，固野客之闲情[1]，实文人之深趣[2]。

〔注释〕

①固：原本。野客：幽居山野的人。
②实：实际上。

〔译文〕

大雪之后寻赏梅花，秋霜来临之前寻访菊花，大雨降临之时呵护兰花，风吹过时聆听竹叶的声音，原本就是山人野客的闲情逸致，也实在是文人墨客的深远雅趣。

结一草堂[1]，南洞庭月，北蛾眉雪，东泰岱松，西潇湘竹，中具晋高僧支法八尺沉香床[2]。浴罢温泉，投床鼾睡，以此避暑，讵不乐乎[3]？

〔注释〕

①结：搭建。
②支法：晋代僧人，佛号法虔，为晋高僧支遁同学。
③讵(jù)：怎能，表示反问。

〔译文〕

搭建一间草堂，南面赏洞庭湖月色，北面是峨眉山雪景，东面栽种泰山不老松，西面植潇湘竹林，中间放置晋代高僧支法虔的八尺沉香床。沐浴完温泉，躺在床上酣睡，这样避暑，难道不快乐吗？

人有一字不识，而多诗意；一偈不参[①]，而多禅意；一勺不濡[②]，而多酒意；一石不晓，而多画意。淡宕故也[③]。

〔注释〕

①偈（jì）：佛偈。参：参悟。

②濡（rú）：浸湿。

③淡宕：淡泊，不受拘束。

〔译文〕

有的人不认识一个字，却仍富有诗意；不懂得一句佛偈，却充满禅意；一滴酒也不曾沾过，却满怀酒趣；一块石头也不懂得玩赏，却颇多画意。这些都是因为淡泊而不受约束。

才人之行多放[①]，当以正敛之[②]；正人之行多板[③]，当以趣通之[④]。人有不及[⑤]，可以情恕；非义相干[⑥]，可以理遣[⑦]。佩此两言，足以游世。

〔注释〕

①才人：有才能的人。放：放任。

②敛：约束。

③正人：正直的人。板：刻板。

④通：使其通达。

⑤不及：达不到。

⑥干：冒犯。

⑦理遣：从事理上排遣。

〔译文〕

有才能的人行为大多放荡，应当用正直来加以约束；正直的人行为大多刻板，应当用趣味来使其通达。人有做不到的地方，可以从情理上原谅他；如果不是意料外的无故冒犯，可以从事理上来排遣。记住这两句话，足以在世间自由游走。

郊居，诛茅结屋[①]，云霞栖梁栋之间，竹树在汀洲之外。与二三同调[②]，望衡对宇，联捷巷陌，风天雪夜，买酒相呼，此时觉曲生气味[③]，十倍市饮。

〔注释〕

①诛茅结屋：砍伐茅草搭建房屋。

②同调：志趣相投的人。

③曲生：指酒。

〔译文〕

在山野居住，砍伐茅草搭建房屋，云霞缭绕，仿佛栖息在梁栋之间，竹树掩映在水中的小洲之外。与二三好友，门户房屋相对，小道街巷相联结，风雪之夜，买来好酒，招呼好友，此时觉得酒中风味，比市井酒肆里要好上十倍。

万事皆易满足，惟读书终身无尽[1]，人何不以不知足一念加之书？又云：读书如服药，药多力自行。

〔注释〕

①尽：尽头。

〔译文〕

人世间所有事情都容易满足，只有读书这件事终生没有尽头。人们为什么不把“不知足”的念头用在读书学习上？又有人说：读书像服药一样，服药多了，药效自然就可以发挥。

少学琴书，偶爱清净，开卷有得[1]，便欣然忘食。见树木交映，时鸟变声，亦复欢然有喜。常言：五六月，卧北窗下，遇凉风暂至，自谓羲皇上人[2]。

〔注释〕

①得：心得。

②自谓：自以为。羲皇上人：伏羲氏以前的人，比喻无忧无虑、生活闲适的人。

〔译文〕

年少时学习弹琴读书，偶尔喜爱清净，每当读书时有了心得，便高兴得忘了吃饭。看到树枝交错掩映，随着季节变化而变化的鸟声,也同样欢喜。常言道:五六月份,躺在北边窗户下,遇到凉风吹来,自以为可以比得上远古时无忧无虑的人。

空山听雨,是人生如意事。听雨必于空山破寺中,寒雨围炉,可以烧败叶,烹鲜笋。

〔译文〕

在幽静的空山之中听雨声,是人生中快意之事。听雨声时一定要在深山破旧的寺庙中,寒冷的雨天里围着火炉,焚烧残败的枯叶,烹煮新鲜的竹笋。

箕踞于斑竹林中,徙倚于青矶石上。所有道笈梵书①,或校雠四五字②,或参讽一两章③。茶不堪精,壶亦不燥④;香不甚良,灰亦不死。短琴无曲而有弦,长讴无腔而有音⑤。激气发于林樾⑥,好风逆之水涯。若非羲皇以上,定亦嵇阮之间⑦。

〔注释〕

①道笈梵书:道家和佛家的经书。
②校雠(chóu):考订书籍,纠正错误。
③参讽:参悟评议。
④燥:热。
⑤长讴:放声高歌。
⑥林樾(yuè):林木合成的树荫。
⑦嵇阮:嵇康、阮籍,魏晋时“竹林七贤”中人物,二人诗文齐名,皆以

嗜酒、孤高不阿著称，后泛指隐士。

〔译文〕

双腿叉开坐在斑竹林之中，走过去靠在青砚石旁，翻阅道家和佛家的经书，有时校对四五个错字，有时参悟评议一两段文章。所饮的茶不用精致，茶壶也不用很烫；焚的香不需要太好，但一直点着，香灰不冷。短琴没有曲调，只是随意拨弄琴弦；放声高歌不需要腔调，只要有声音。林荫之中激荡着豪气，溪水岸边回荡着和煦的微风。比不上伏羲氏之前的古人，也定能同嵇康和阮籍相媲美。

读书不独变气质①，且能养精神②，盖理义收摄故也③。

〔注释〕

①独：仅仅。
②养：涵养。
③盖：表推测，大概。故：缘故。

〔译文〕

读书这件事不仅仅能改变人的气质，而且能涵养精神，这大概是书中理义可以收摄人的心志，洗涤杂念的缘故。

雨过生凉，境闲情适①，邻家笛韵，与晴云断雨逐听之，声声入肺肠。

〔注释〕

①适：闲适。

〔译文〕

雨过之后生出层层凉意，顿觉情境闲适，邻家传出阵阵笛声，与初晴的云彩和断断续续的雨相互应和，听来使人断肠。

清之品有五[①]：睹标致发厌俗之心，见精洁动出尘之想，名曰清兴；知蓄书史，能亲笔砚，布景物有趣，种花木有方，名曰清致；纸里中窥钱，瓦瓶中藏粟，困顿于荒野，摈弃乎血属[②]，名曰清苦；指幽僻之耽[③]，夸以为高，好言动之异，标以为放[④]，名曰清狂；博及今古，适情泉石，文韵带烟霞，行事绝尘俗，名曰清奇。

〔注释〕

①品：品性。
②摈(bìn)弃：抛弃。血属：亲属，亲人。
③耽：沉溺的样子。
④标：显扬。

〔译文〕

"清"这种品性有五种类型：看到标致、美丽的东西生发出厌恶世俗之心，看到精致洁净的东西萌动出离开尘世的念头，这种叫作"清兴"；知道收藏经史之书，能时时亲近笔墨纸砚，布置景物富有情趣，种植花木有好的方法，这种叫作“清致”；在废纸堆中寻觅钱币，在瓦罐中贮藏粮食，困顿地生活在荒野中，被亲人所抛弃，这种叫作“清苦”；把沉溺于幽静偏僻之境视为清高，将喜爱言语行动的怪异标榜为狂放，这种叫作“清狂”；博通古今之事，寄情于山林泉水之间，文章中带着烟霞的韵致，行事超凡脱俗，这种叫作“清奇”。

鸟栖高枝，弹射难加；鱼潜深渊①，网钓不及；士隐岩穴②，祸患焉至③？

〔注释〕

①潜：潜藏。

②隐：归隐。

③祸患焉至：祸患灾害怎么会遭受。

〔译文〕

鸟栖息在高的树枝上，弹弓难以射到它；鱼潜藏在深渊中，渔网钓钩难以捕捉到它；士大夫隐居在岩穴间，灾难祸患怎么会降临呢？

简傲不可谓高①，谄谀不可谓谦②，刻薄不可谓严明，阘茸不可谓宽大③。

〔注释〕

①简傲：高傲，傲慢。

②谄谀：谄媚，阿谀奉承。

③阘（tà）茸：人品卑劣或庸碌无能。

〔译文〕

傲慢失礼不能称作清高，谄媚阿谀不能称作谦虚，刻薄苛求不能称作严明，庸碌低劣不能称作宽容大度。

作诗能把眼前光景、胸中情趣，一笔写出，便是作手[①]，不必说唐、说宋。

〔注释〕

①作手：此处指诗文书画的能手。

〔译文〕

作诗时能将眼前看到的风光景象、胸中蕴含的情趣，一笔表现出来，便是作诗的能手，不用按照唐、宋的格式。

少年休笑老年颠，及得老年颠一般。只怕不到颠时老，老年何暇笑少年。

〔译文〕

年轻人不要嘲笑老年人糊涂，等到自己老了也是一样糊涂。只怕还不到糊涂的时候就已经老了，哪里还有时间来嘲笑年轻人。

饥寒困苦，福将至已；饱饫宴游，祸将生焉①。

〔注释〕

①饱饫(yù)：吃饱。

〔译文〕

能忍受饥寒交迫、艰难困苦，福气也将会很快来到；满足于吃喝玩乐，祸患将会生成。

书屋前，列曲槛栽花①，凿方池浸月②，引活水养鱼；小窗下，焚清香读书，设净几鼓琴③，卷疏帘看鹤，登高楼饮酒。

〔注释〕

①曲槛：曲折的栅栏。
②浸月：使月影浸没在水中。
③净几：干净的桌子。

〔译文〕

书桌前面，设置曲折的栅栏来栽种花草，开凿一方小池，让月亮的倒影浸入其中，引来流动的泉水养鱼；小窗下方，燃起清香读书，摆放干净的桌子用来鼓琴，卷起疏帘看窗外的野鹤，登上高楼迎风饮酒。

倚势而凌人，势败而人凌；恃财而侮人①，财散而人侮。循环之道。我争者,人必争,虽极力争之,未必得;我让者,人必让,虽力让之,未必失。

〔注释〕

①恃:凭借,依靠。

〔译文〕

仗势欺人的人,一旦失去势力,便会被人欺凌;凭借自己财富侮辱别人的人,一旦财富散尽,就将遭受别人侮辱。这是循环往复的规律。我想争取的东西,别人也必定会想去争取,即使我努力去争取,也未必会得到;我谦让的,别人也一定会谦让,即使我极力谦让,也未必会失去。

我如为善,虽一介寒士,有人服其德①;我如为恶,纵位极人臣,有人议其过②。

〔注释〕

①服:佩服,信服。

②议:议论,非议。

〔译文〕

我如果做善事,就算只是一个贫寒的读书人,也会有人佩服我的德行;我如果作恶,纵使地位显赫,也会有人指责我的过错。

读理义书,学法帖字,澄心静坐①,益友清谈,小酌半醺，浇花种竹，听琴玩鹤，焚香煮茶，泛舟观山，寓意奕棋。虽有他乐，吾不易矣②。

〔注释〕

①澄心：静心。

②易：改变。

〔译文〕

诵读理义之书，临摹法帖练字，静心而坐，与好友清谈，小酌几杯酒，喝得半醉，浇浇花草，种些竹子，听琴声，赏玩鹤，焚清香，烹好茶，乘着小船观赏两岸山色，专心致志地下棋。即使有其他的乐趣，我也不会改变。

藏锦于心，藏绣于口①；藏珠玉于咳唾，藏珍奇于笔墨②；得时则藏于册府③，不得时则藏于名山。

〔注释〕

①锦、绣：指好的文章。

②珠玉、珍奇：指绝妙的词句。咳唾：比喻人的言论。《庄子·渔父》："窃待于下风，幸闻咳唾之音以卒相丘也。"

③册府：古代帝王藏书的地方。

〔译文〕

锦绣一样的好文章藏在心间、口中，珠玉珍奇般的语句藏在口中、笔端。能够得到认同时，便写出来，藏在国家的册府中；得不到认同时，则藏在名山中流传后世。

读一篇轩快之书[①]，宛见山青水白[②]；听几句透彻之语，如看岳立川行。

〔注释〕

①轩快：明快晓畅。

②宛：好像。

〔译文〕

读了一篇明快晓畅的书，好像看到青山白水的景色一样心情舒畅；听到几句精辟透彻的话语，如同看到山岳耸立、江水奔流东去一样心旷神怡。

有书癖而无剪裁[①]，徒号书橱[②]；惟名饮而少蕴藉[③]，终非名饮。飞泉数点雨非雨，空翠几里山又山。

〔注释〕

①癖：癖好，嗜好。剪裁：取舍。

②徒：白白。

③蕴藉：藏在其中、隐藏不外露的本义或实质。

〔译文〕

有读书的癖好却没有取舍，这样只能算作藏书的书橱；只知道喝酒却体会不到其中真正的本义，终究不是懂酒的人。泉水飞流直下，溅起数点水花，似雨非雨；幽深翠绿的山色一望无际，中间又隔了多少座山。

夜者日之余[①]，雨者月之余，冬者岁之余。当此三余，人事稍疏，正可一意学问[②]。

〔注释〕

①余：剩下的，多余的。

②一意：一心一意，一门心思。

〔译文〕

夜晚是一天中的空余时间，下雨的日子是一个月里的空闲时间，冬天是一年中的空闲时间。在这三段空闲时间中，人情世事的纷扰相对稀疏，正适合一心一意地做学问。

树影横床，诗思平凌枕上；云华满纸[①]，字意隐跃行间。

〔注释〕

①云华：此处指精妙的文字。

〔译文〕

树影横斜在床上，使人诗兴大发；写下满纸精妙的文字，字中的意义隐约蕴含在文章中间。

耳目宽则天地窄，争务短则日月长[1]。

〔注释〕

①争务短：争执的事情少。

〔译文〕

听到和看到的事情多，就会觉得天地间变得狭窄；争执的事情少，时光就会变得悠长。

事有急之不白者[1]，宽之或自明，毋躁急以速其忿[2]；人有操之不从者，纵之或自化[3]，毋操切以益其顽。

〔注释〕

①白：使人明白。
②忿(fèn)：愤怒，愤恨。
③化：化解。

〔译文〕

有些事情，越是着急越不能明白，宽缓一些反而自然能明了；切忌急躁加快对方的怨恨；有些人，你指挥他，他却不听从，放纵一些反而可以自我化解，切忌过于急躁使他更加顽固。

画家之妙，皆在运笔之先，运思之际，一经点染，便减神机[1]。长于笔者，文章即如言语；长于舌者，言语即成文章。昔人谓“丹青乃无言之诗，诗句乃有言之画”，余则欲丹青似诗，诗句无言，方许各臻妙境[2]。

〔注释〕

①神机：神妙之处。

②方许：方才。

〔译文〕

画家的精妙构思，都产生在动笔之前，如果构思时有一点儿杂念，便使精妙之处不能完整体现。擅长写文章的人，写文章就像说话一样；善于讲话的人，所讲出的话便是最精妙的文章。古人说“画是无声的诗，诗是有声的画”，我认为最好的画同诗一般，能无尽地展现意境，这样诗和画才各自达到了各自神妙的境界。

避暑深林，南风逗树；脱帽露顶，沉李浮瓜[1]；火宅炎宫[2]，莲花忽进[3]；较之陶潜卧北窗下，自称羲皇上人，此乐过半矣。

〔注释〕

①沉李浮瓜：语出魏曹丕《与朝歌令吴质书》：“浮甘瓜于清泉，沉朱李于寒水。”

②火宅炎宫：佛教指烦恼世界。

③莲花：佛境的象征。

〔译文〕

在幽深的山林中避暑，看南风阵阵拂过树枝；脱下帽子披散头发，将桃李瓜果浸泡在冷水中；烈日下的烦恼世界中，忽然迸出佛境一般的清凉；比起陶渊明卧在北窗下，自称为羲皇上人，我的乐趣有过之无不及。

卷　五

〔题解〕

“素”字的本义是没有染色的丝绸,《说文》称“素,白致缯也”。后来引申为质朴、不加装饰等义。《庄子·天道》言“朴素而天下莫能与之争美”,保持事物的本色,是一种“大美”。所以本卷也直接体现了作者的审美理想和精神追求。

这部分用较多条目描述了文人简朴素雅的生活。禅林道院,林下山泉,赋诗作画,鼓琴赏月,这些是淡到极致的情景。但“素”远不止浮于表面,而是在于内心。以一颗朴素的心来应对世间纷繁,淡然处世,淡然为人,真诚待人,才是作者真正想要表达和追求的境界。

素

袁石公云①:长安风雪夜,古庙冷铺中。乞儿丐僧,齁齁如雷吼②;而白髭老贵人③,拥锦下帷,求一合眼不得。呜呼!松间明月,槛外青山,未尝拒人,而人人自拒者何哉?集素第五。

〔注释〕

①袁石公:即袁宏道,明代文学家,公安派代表人物,号石公。

②齁齁(hōu):鼻鼾声。

③髭(zī):胡须。

〔译文〕

袁宏道曾说:在长安城的风雪之夜,古老的寺庙和寒冷的店铺中,乞丐僧人睡得非常香甜,鼾声像雷吼一样;而那些胡须斑白的富贵老人,拥着锦绣被子,放下帷帘,想要闭上眼睡觉却做不到。呜呼!松间的明月,槛外的青山,从来没有拒绝过人去享受它,为何人们自己抗拒这美景?于是编纂第五卷"素"。

田园有真乐,不潇洒终为忙人;诵读有真趣,不玩味终为鄙夫①。山水有真赏,不领会终为漫游;吟咏有真得,不解脱终为套语②。

〔注释〕

①玩味:把玩欣赏。

②套语:俗套的言辞。

〔译文〕

田园生活中有真正的乐趣,但如果不能潇洒地去享受,也终究成为忙碌的人;诵读诗书中有真正的趣味,但如果不能把玩欣赏,也终究是庸俗粗鄙的人。山水之间有真正可以欣赏的美景,但如果不能好好领悟，也终究变成漫无目的的游玩；吟咏的时候有真正的收获，但如果不能从烦恼中解脱，也终究是俗套的言语。

琴觞自对[①]，鹿豕为群[②]，任彼世态之炎凉[③]，从他人情之反覆[④]。家居苦事物之扰，惟田舍园亭，别是一番活计；焚香煮茗，把酒吟诗，不许胸中生冰炭[⑤]。

〔注释〕

①觞（shāng）：酒杯。
②鹿豕（shǐ）：鹿和猪。
③任：任凭。
④从：即纵，随便。
⑤冰炭：喻指世态炎凉。

〔译文〕

把酒鼓琴，与鹿豕为伍，任凭他世态炎凉，随便他人情反复。居住在家，苦于琐事的烦扰，只有在山间田舍、园中亭台，别有一番情致；焚清香，煮好茶，把酒吟诗，不使胸中滋生出世间炎凉的感受。

带雨有时种竹，关门无事锄花。拈笔闲删旧句，汲泉几试新茶[①]。

〔注释〕

①汲泉：汲取泉水。

〔译文〕

有时间的话，冒着小雨种植竹子；无所事事的时候，关上门来锄锄花草。闲暇的时候拿起笔来删改旧日写下的诗句，汲来泉水，试一试新采的茶叶。

余尝净一室，置一几，陈几种快意书，放一本旧法帖，古鼎焚香，素麈挥尘[①]。意思小倦，暂休竹榻。饷时而起，则啜苦茗。信手写汉书几行，随意观古书几幅，心目间觉洒空灵，面上尘当亦扑去三寸[②]。

〔注释〕

①素麈(zhǔ)：白色的麈尾。

②扑去：擦去。

〔译文〕

我曾经打扫干净一间屋子，摆置一张桌几，陈列几本畅快清心的书，放上一本旧的字帖，在古鼎中焚烧清香，用白色的麈尾拂去尘埃。精神有些疲倦的时候，就暂且去竹榻上休息。到了吃饭的时候起来，饮几口浓苦的茶水。随手写几行汉隶书法，随意观赏几幅古书，心目间顿时觉得空灵清净，面庞上的灰尘仿佛也拭去三寸。

暑中尝嘿坐[①]，澄心闭目，作水观久之[②]，觉肌发洒洒,几阁间似有凉气飞来[3]。

〔注释〕

①嘿(mò):同“默”。

②水观:佛教语,指坐禅时观水而入定。

③几阁:橱架。

〔译文〕

酷暑中静坐,静心闭目,像观水参禅那样长久地端坐,感觉肌肤发丝清爽,橱架间似乎有凉气阵阵吹来。

三月茶笋初肥[1],梅风未困[2];九月莼鲈正美,秫酒新香[3]。胜友晴窗[4],出古人法书名画;焚香评赏,无过此时[5]。

〔注释〕

①初肥:刚刚肥美的时候。

②梅风:指早春的风。未困:没有完全消失。

③秫(shú)酒:用秫酿成的酒。

④胜友:好友。

⑤过:胜过,超过。

〔译文〕

三月是茶萌新芽、竹笋刚刚肥美的时候,早春的风还在;九月是莼菜和鲈鱼正美味的时节,飘散着新酿的秫酒香。晴朗天气时,与好友们坐在小窗下,取出古人的书帖名画,焚香赏评,没有比这更惬意的时刻了。

高枕丘中[①],逃名世外,耕稼以输王税[②],采樵以奉亲颜[③]。新谷既升,田家大洽,肥羜烹以享神[④],枯鱼燔而召友[⑤]。蓑笠在户,桔槔空悬[⑥],浊酒相命,击缶长歌,野人之乐足矣。

〔注释〕

①高枕:指没有烦恼、忧患。
②耕稼:泛指种庄稼。输:缴纳。
③奉亲颜:侍奉亲人。
④羜(zhù):小羊羔。
⑤燔(fán):烤。
⑥桔(jié)槔::古代的一种汲水工具。

〔译文〕

在山丘田园之中高枕无忧,在尘世之外逃避名声,耕种庄稼来缴纳国家的赋税,打柴来侍奉亲人。新谷成熟入仓,是农家融洽快乐的时候,用肥嫩的小羊来祭神,烧烤干鱼来招待朋友。蓑衣斗笠挂在门上,桔槔高悬在井上,农闲的时候,饮浊酒,击缶放歌,山野之人的快乐足够了。

春初玉树参差[①],冰花错落,琼台奇望,恍坐玄圃罗浮[②];若非黄昏月下,携琴吟赏,杯酒留连,则暗香浮动、疏影横斜之趣[3],何能有实际。

〔注释〕

①玉树:指被积雪覆盖的树木。

②玄圃:传说中昆仑山顶的神仙住所。玄,与“悬”字通。罗浮:山名,位于今广东省。相传晋人葛洪曾在此修道,山上有洞,道教列为第七洞天。

③暗香浮动、疏影横斜:出自宋代林逋《山园小梅》:“疏影横斜水清浅,暗香浮动月黄昏。”

〔译文〕

初春时节,被积雪覆盖的树木参差不齐,冰花错落有致,倚靠在华丽的高台上远望,恍惚间像坐在玄圃仙居和罗浮山之中;如果不是黄昏时分的月光下,携琴吟诗赏梅,饮酒留恋不舍,那种暗香浮动、疏影横斜的乐趣,什么时候能实现呢?

文章之妙:语快令人舞,语悲令人泣,语幽令人冷,语怜令人惜,语慎令人密,语怒令人按剑[1],语激令人投笔,语高令人入云,语低令人下石[2]。

〔注释〕

①按剑:手按着剑,将要拔剑。

②下石:指胸中有如压石。

〔译文〕

文章的妙用在于:语言欢快可以使人鼓舞,语言悲伤可以使人哭泣，语言幽静可以使人清冷，语言可怜可以使人感到怜惜，语言谨慎可以令人感到周密，语言愤怒可以使人按剑张目，语言激烈可以使人投笔奋起，语言高亢可以使人好像入云一样，语言低沉可以使人像胸口压石一般。

客过草堂，问："何感慨而甘栖遁[1]？"余倦于对[2]，但拈古句答曰："得闲多事外，知足少年中[3]。"问："是何功课？"曰："种花春扫雪，看箓夜焚香[4]。"问："是何利养[5]？"曰："砚田无恶岁，酒国有长春[6]。"问："是何还往？"曰："有客来相访，通名是伏羲[7]。"

〔注释〕

①甘：甘愿，甘心。栖遁：遁世，退隐。

②倦：厌倦。

③"得闲"二句：出自唐代朱庆馀《赠陈逸人》诗。

④"种花"二句：出自唐代许浑《茅山赠梁尊师》诗。

⑤利养：养育，养活。

⑥"砚田"二句：出自宋代唐庚《次泊头》。砚田，旧时读书人以文墨维持生计，故称砚台为砚田。

⑦"有客"二句：出自宋代邵雍《家国吟》诗。

〔译文〕

有客人经过草堂，问："甘心隐居遁世，有什么感慨？"我厌倦应对，随口拈来一句古诗回答："处身于事物之外，有很多空闲时间，少年的时候便已经懂得知足。"又问道："平常做些什么功课?”回答说:“春天时扫雪种花,夜间焚香阅读经书。”又问道:“用什么方式来养活自己?”回答说:“耕作砚台之田没有歉收的年份,沉醉在酒国中四季如春。”又问道:“有什么人来往?”回答说:“有客人来拜访,通报姓名是伏羲。”

园中不能办奇花异石,惟一片树阴,半庭藓迹,差可会心忘形[①]。友来或促膝剧论[②],或鼓掌欢笑,或彼谈我听,或彼默我喧,而宾主两忘。

〔注释〕

①差可:差不多可以,勉强可以。

②剧论:激烈地争论。

〔译文〕

园中不用置办奇花异石,只要有一片树荫,半院苔藓,差不多可以使人心领神会、放纵忘形。朋友来了,或者促膝长谈、激烈争论,或者鼓掌欢笑,或者朋友讲、自己听,或者对方沉默、自己喧嚷,宾客和主人都达到物我两忘的境地。

夜寒坐小室中,拥炉闲话,渴则敲冰煮茗,饥则拨火煨芋[①]。阿衡五就[②],那如莘野躬耕[③];诸葛七擒[④],争似南阳抱膝[⑤]。

〔注释〕

①煨(wēi):在热灰里把食物煨熟。

②阿衡五就：用商汤五请伊尹的典故。《史记·殷本纪》："伊尹名阿衡……或曰，伊尹处士，汤使人聘迎之，五反，然后肯往从汤，言素王及九主之事。"

③莘野躬耕：《孟子·万章》："伊尹耕于有莘之野，而乐尧舜之道焉。"

④诸葛七擒：用诸葛亮七擒孟获的典故。蜀汉建立后，诸葛亮为巩固后方，平定南中，擒获其首领孟获，见其不服，放归再战，凡七次，终于使孟获心服口服，归降蜀汉。

⑤南阳抱膝：《三国志·蜀书》："每晨夜从容，常抱膝长啸。"

〔译文〕

寒冷的夜晚，坐在小屋中，围着火炉闲谈，渴了就敲些冰块煮茶，饿了就拨开火炉烤些山芋。伊尹被商汤五次聘请才肯就任，但哪里比得上他在有莘之野躬耕悠闲？诸葛亮七擒孟获，鞠躬尽瘁，哪里比得上南阳隐居时抱腿长啸那样安逸？

净几明窗，一轴画，一囊琴，一只鹤，一瓯茶[1]，一炉香，一部法帖；小园幽径，几丛花，几群鸟，几区亭，几拳石，几池水，几片闲云。

〔注释〕

①瓯（ōu）：杯子。

〔译文〕

屋里窗明几净，放置着一轴画，一张古琴，一只鹤，一杯茶，一炉香，一部法帖；小园幽静的小路上，几丛花，几群鸟，几个亭台，几块石头，几方池塘，几片闲云。

花前无烛，松叶堪焚[1]；石畔欲眠，琴囊可枕。

〔注释〕

①堪：可以。

〔译文〕

花前没有蜡烛，松叶可以燃烧照明；在石畔想要睡觉，琴囊可以作枕头。

闲居之趣，快活有五：不与交接[1]，免拜送之礼[2]，一也；终日观书鼓琴，二也；睡起随意，无有拘碍[3]，三也；不闻炎凉嚣杂，四也；能课子耕读[4]，五也。

〔注释〕

①交接：交际应酬。
②免：免除，免去。
③拘碍：拘束羁绊。
④课子：督教孩子读书。

〔译文〕

闲居的乐趣，有五大快活：不与别人交际应酬，免去拜揖送别的礼数，这是一；整日看书弹琴，这是二；睡觉和起床随心所欲，没有拘束，这是三；不闻世态炎凉，尘世喧嚣，这是四；能督教孩子耕种读书，这是五。

茅屋三间，木榻一枕，烧清香，啜苦茗，读数行书，懒倦便高卧松梧之下，或科头行吟[1]。日常以苦茗代肉食，以松石代珍奇，以琴书代益友，以著述代功业，此亦乐事。

〔注释〕

①科头：扎着头发，不戴帽子。

〔译文〕

三间茅草屋，木床单枕，点燃清香，啜饮苦茶，读几行书，懒散疲倦时便安卧在松树梧桐下面，或者脱去冠帽，行走吟唱。日常用苦茶代替肉食，用松石代替珍宝，用琴书代替好友，用著述代替建功立业，这便是乐事。

林泉之浒[1]，风飘万点，清露晨流，新桐初引[2]，萧然无事，闲扫落花，足散人怀[3]。

〔注释〕

①浒：水边。

②"清露晨流"二句：出自《世说新语·赏誉》："时恭尝行散至京口射堂，于时清露晨流，新桐初引，恭目之曰：'王大故自濯濯。'"

③散：排遣。

〔译文〕

山林泉水边，轻风飘起万点花瓣，早晨的露珠晶莹剔透，梧桐刚长出新芽，无所事事，悠闲地打扫落花，足够排遣心中的忧怒。

浮云出岫[①]，绝壁天悬，日月清朗，不无微云。点缀看云飞，轩轩霞举[②]，踞胡床与友人咏谑，不复滓秽太清[③]。

〔注释〕

①岫(xiù)：山洞。

②轩轩霞举：出自《世说新语·容止》："海西时，诸公每朝，朝堂犹暗；唯会稽王来，轩轩如朝霞举。"

③不复：不再。滓秽：玷污。

〔译文〕

浮云从峰峦间飘出，陡峭的山崖像从天上悬挂下来，日月清明爽朗，点缀着几片白云。看云起云飞，光彩像朝霞一样夺目，盘坐在胡床上与友人谈笑戏谑，不再给明净的天空染上秽物。

山房之磬[①]，虽非绿玉[②]，沉明轻清之韵，尽可节清歌洗俗耳。山居之乐，颇惬冷趣，煨落叶为红炉，况负暄于岩户[③]。土鼓催梅，荻灰暖地，虽潜凛以萧索，见素柯之凌岁。同云不流，舞雪如醉。野因旷而冷舒，山以静而不晦。枯鱼在悬[4]，浊酒已注，朋徒我从，寒盟可固[5]，不惊岁暮于天涯，即是挟纩于孤屿[6]。

〔注释〕

①磬（qìng）：古代击乐器。

②绿玉：古琴名。

③负暄（xuān）：冬天受日光曝晒取暖。

④枯鱼在悬：《后汉书·羊续列传》："时权豪之家多尚奢丽，续深疾之。常敝衣薄食，车马羸败。府丞尝献其生鱼，续受而悬于庭。丞后又进之，续乃出前所悬者以杜其意。"

⑤寒盟：背弃或忘却誓约。

⑥挟纩（kuàng）：披着绵衣，比喻受人抚慰而感到温暖。《左传·宣公十二年》："三军之士皆如挟纩。"

〔译文〕

山房中的磬器，虽然不是绿玉古琴，但沉明轻清的韵律，足可以伴奏清歌，洗涤被俗世污染的耳朵。山居的乐趣，惬意于清冷的情趣，燃烧落叶把火炉烧红，何况又可以在山洞口晒太阳取暖。土鼓声声催促梅花开放，芦苇的灰烬温暖着土地。即使潜藏的凛冽寒气使景色变得萧索，看到挂满白雪的树枝，便知道临近岁末。同色的云彩积聚不动，飘舞的雪花如痴如醉。山野因为空旷而使寒冷舒展开来，雪后的山因为静止而显得不那么晦暗。晒好的干鱼在那里挂着，浊酒已经倒满酒杯，朋友相从，不忘盟约让友谊更坚固，不因为岁末时在天涯而心凉，就算身处孤岛也因为有朋友的抚慰而感到温暖。

饮酒不可认真，认真则大醉，大醉则神魂昏乱。在书为沉湎[①]，在诗为童羖[②]，在礼为豢豕[③]，在史为狂药[④]。何如但取半酣，与风月为侣？

〔注释〕

①在书为沉湎：语出《尚书·周书·泰誓上》："沉湎冒色，敢行暴虐。"沉湎，沉醉在酒里。冒色，贪恋女色。

②在诗为童羖（gǔ）：语出《诗·小雅·宾之初筵》："由醉之言，俾出童羖。"童羖，指无角的公羊，比喻绝不可能的事情。

③在礼为豢豕（huànshǐ）：语出《礼记·乐记》："夫豢豕为酒，非以为祸也。"

④在史为狂药：语出《晋书·裴楷列传》："长孙校尉孙继舒尝与（石）崇酣燕，傲慢过度，崇欲表免之。楷闻之，谓崇曰：'足下饮人狂药，责人正礼，不亦乖乎！'崇乃止。"

〔译文〕

饮酒不可以太认真，认真便容易大醉，大醉则容易神魂错乱。这种醉酒状态，在《尚书》中称为"沉湎"，在《诗经》中称为"童羖"，在《礼记》中称为"豢豕"，在《晋书》中称为"狂药"。怎么比得上饮到半醉而止，与清风明月为伴呢？

家鸳鸯湖滨，饶蒹葭凫鹥[①]，水月澹荡之观。客啸渔歌，风帆烟艇，虚无出没，半落几上。呼野衲而泛斜阳，无过此矣！

〔注释〕

①蒹葭(jiānjiā):指芦苇一类的水草。凫鹥(fúyī):凫和鸥,泛指水鸟。

〔译文〕

家住在鸳鸯湖边,到处都是芦苇水草和水鸟,月光洒在水面上,微波荡漾,一幅恬淡优美的景观。有客长啸,唱起渔歌,风吹动船帆,烟雾笼罩着小舟,时隐时现,半落在案几上。呼唤云游四方的僧人一起泛舟于夕阳之中,没有比这更好的乐趣了。

月夜焚香,古桐三弄[①],便觉万虑都忘,妄想尽绝。试看香是何味?烟是何色?穿窗之白是何影?指下之余是何音?恬然乐之而悠然忘之者,是何趣?不可思量处是何境?

〔注释〕

①古桐:古琴,制琴以桐材最佳,故称。

〔译文〕

月明之夜,点燃清香,弹奏几曲古琴,便觉得一切忧愁都忘记,一切妄想都消失。试看香是何种味道?烟是何种颜色?穿过窗户透进来的白色是什么影子?手指下弹奏的是什么音乐?恬然享受又悠然忘却的,是什么乐趣?不能思量的地方,又是什么境界?

知天地皆逆旅[1]，不必更求顺境；视众生皆眷属[2]，所以转成冤家。

〔注释〕

①天地皆逆旅：语出唐代李白《春夜宴从弟桃李园序》：“夫天地者，万物之逆旅也；光阴者，百代之过客也。而浮生若梦，为欢几何？”

②眷属：亲属家眷。

〔译文〕

知道天地是万物的旅舍，不必再寻求顺境；将芸芸众生视作亲属家眷，反而容易转变成仇人。

宠辱不惊，闲看庭前花开花落；去留无意，漫随天外云卷云舒。斗室中万虑都捐，说甚画栋飞云、珠帘卷雨[1]；三杯后一真自得，谁知素弦横月、短笛吟风。

〔注释〕

①画栋飞云、珠帘卷雨：语出唐代王勃《滕王阁序》：“画栋朝飞南浦云，珠帘暮卷西山雨。”

〔译文〕

受宠耻辱都不惊慌，悠闲地观赏庭院前花开花落；离开留下都不在意，任意地随着天边白云舒卷自如。在狭小的居室中，所有的杂念都抛弃，哪里羡慕画栋飞云、珠帘卷雨；三杯酒后，一切都纯真自得，谁知道素弦横月、短笛吟风。

会得个中趣[1]，五湖之烟月尽入寸衷[2]；破得眼前机，千古之英雄都归掌握。

〔注释〕

①会：领会。

②入寸衷：进入心中。

〔译文〕

领会其中的趣味，那么五湖的烟月景色都进入心中；看破眼前的玄机，那么千古的英雄豪杰都在掌握之中。

残曛供白醉[1]，傲他附热之蛾；一枕余黑甜[2]，输却分香之蝶[3]。闲为水竹云山主，静得风花雪月权[4]。

〔注释〕

①残曛（xūn）：落日的余光。白醉：浮白酒醉。

②一枕余黑甜：语出宋代苏轼《发广州》："三杯软饱后，一枕黑甜余。"

③输却：比不上，不如。

④"闲为水竹云山主"二句：出自宋代邵雍《小车吟》诗。

〔译文〕

落日余晖下饮酒至醉，傲视那些如飞蛾扑火般趋炎附势的小人；躺在枕上酣睡，不如那些忙碌采花的蜂蝶。悠闲时是水竹云山的主人，安静时得揽风花雪月的观赏之权。

心与竹俱空，问是非何处安觉[1]；貌偕松共瘦，知忧喜无由上眉[2]。

〔注释〕

①安觉：安放察觉。

②无由：没有缘由。

〔译文〕

心胸和竹子一样清空，试问是非对错还能在何处安放；样貌像松树一样清瘦，便知道忧愁喜悦没有理由爬上眉梢。

何地非真境？何物非真机？芳园半亩，便是旧金谷[1]；流水一湾，便是小桃源[2]。林中野鸟数声，便是一部清鼓吹；溪上闲雪数片，便是一副真画图。

〔注释〕

①金谷：即晋代石崇所建的金谷园，位于洛阳西北方向，极为奢靡华丽。

②桃源：即东晋陶渊明笔下的桃花源。

〔译文〕

什么地方不是真正的境界？什么事物不是富有真正的玄机？半亩芳园，便是旧日的金谷园；一湾流水，便是小小的桃花源。树林中野鸟啼叫数声，便是一部清亮的鼓吹曲；小溪上飘起雪花数片，便是一幅真正的图画。

人在病中，百念灰冷，虽有富贵，欲享不可，反羡贫贱而健者。是故人能于无事时常作病想①，一切名利之心，自然扫去。

〔注释〕

①是故：所以。

〔译文〕

人在病痛之中，万念俱灰，即使拥有富贵，也享受不得，反而羡慕贫贱但健康的人。所以人能在无事的时候常常作病中的思考，一切追求名利的念头，便自然扫除。

万壑松涛，乔柯飞颖①，风来鼓飓谡谡有②，秋江八月声迢递③。幽岩之下，披襟当之，不知是羲皇上人。

〔注释〕

①乔柯：高枝。晋代陶渊明《杂诗》：“年始三五间，乔柯何可倚？”颖：尖端，此处指树梢。

②鼓飓（jù）：鼓起强劲的飓风。谡谡（sù）：形容劲风声。宋代苏轼《西湖寿星院此君轩》：“卧听谡谡碎龙鳞，俯看苍苍立玉身。”

③迢（tiáo）递：连续不断。

〔译文〕

千山万壑中松涛声阵阵，高高的树枝舞动，风吹来时鼓起强劲的飓风，八月秋江的波涛声连续不断，传到很远的地方。幽岩下，披开衣襟凭风站立，像远古时期人们的生活一样。

霜降木落时，入疏林深处，坐树根上，飘飘叶点衣袖，而野鸟从梢飞来窥人。荒凉之地，殊有清旷之致[1]。

〔注释〕

①殊有：特别有。

〔译文〕

秋霜降临，树叶凋落的时候，走进稀疏的树林深处，坐在树根上，飘落的片片树叶点缀在衣袖间，野鸟从树梢飞出来窥探人。荒凉的地方，特别有一种清幽空旷的情致。

明窗之下，罗列图史琴尊以自娱[1]。有兴则泛小舟，吟啸览古于江山之间。渚茶野酿，足以消忧；莼鲈稻蟹[2]，足以适口。又多高僧隐士，佛庙绝胜。家有园林，珍花奇石，曲沼高台，鱼鸟流连，不觉日暮。

〔注释〕

①尊：即樽，酒杯。

②莼鲈：莼菜羹、鲈鱼脍。

〔译文〕

明亮的窗户下，摆放着图画、史籍、古琴、酒杯，用来自娱自乐。有兴致的时候,便泛起小舟,在江山之间吟咏长啸,遍览古迹。小洲中煮茶,山野中饮酒,足以消除忧愁;莼菜羹、鲈鱼脍、稻米、河蟹,足以享用。又有许多得道高僧和隐士,佛寺胜地。家中有园林,奇花异草,曲折的池塘和高高的楼台,鱼鸟流连此处,不知不觉间夜幕降临。

山中莳花种草①,足以自娱,而地朴人荒,泉石都无,丝竹绝响,奇士雅客,亦不复过,未免寂寞度日。然泉石以水竹代,丝竹以莺舌蛙吹代,奇士雅客以蠹简代②,亦略相当。

〔注释〕

①莳(shì):栽种,种植。

②蠹简:被虫蛀过的竹简。

〔译文〕

在山中栽种花草,足以自娱自乐,而土地贫瘠,人烟稀少,没有山泉幽石,也没有丝竹声,奇人雅士不从此处经过,未免每天在寂寞中度日。然而用流水修竹代替泉石,用莺啼蛙叫代替丝竹声,用古籍经典代替奇士雅客,也大致可以相当。

闲中觅伴书为上①,身外无求睡最安。

〔注释〕

①上:最佳的。

〔译文〕

闲暇时寻觅伴侣，书是最佳选择；此身之外无所欲求，睡觉最是安稳。

栽花种竹，未必果出闲人①；对酒当歌，难道便称侠士？

〔注释〕

①果：果真。

〔译文〕

栽花种竹，未必果真是悠闲之人；对酒当歌，难道就可称得上侠士？

千人亦见，百人亦见①，斯为拔萃出类之英雄；三日不举火，十年不制衣②，殆是乐道安贫之贤士。

〔注释〕

①“千人亦见”二句：语出《世说新语·赏誉》：“刘万安，即道真从子，庾公所谓‘灼然玉举’，又云‘千人亦见，百人亦见’。”

②“三日不举火”二句：语出《庄子·让王》：“曾子居卫，缊袍无表，颜色肿哙，手足胼胝。三日不举火，十年不制衣。正冠而缨绝，捉衿而肘见，纳履而踵决。”

〔译文〕

在千人之中与众不同，在百人中也与众不同，这才是出类拔萃的英雄；三天不生火做饭，十年不添置新衣，这才是安贫乐道的人。

室距桃源，晨夕恒滋兰茝①；门开杜径，往来惟有羊裘②。

〔注释〕

①茝(chǎi)：古书中的一种香草。

②羊裘：汉代严光少有高名，与刘秀一同游学，后刘秀即帝位，严光变名隐身，身披羊裘在泽中钓鱼。后因以“羊裘”指隐者或隐居生活。

〔译文〕

房屋靠近桃花源，早晨晚上常常种植兰茝香草；门前有开满杜若的小径，往来的只有像羊裘公那样的隐士。

枕长林而披史①，松子为餐；入丰草以投闲，蒲根可服②。

〔注释〕

①披史：披阅史书。

②蒲根：香蒲的根茎。

〔译文〕

隐居在山林中，披阅史书，以松子为饭食；来到丰茂的草丛中，投入闲暇的境地，蒲根也可以服用。

荆扉昼掩，闲庭宴然①，行云流水襟怀；隐不违亲，贞不绝俗②，太山乔岳气象③。

〔注释〕

①“荆扉昼掩”二句：语出《世说新语·品藻》：“有人问袁侍中曰：‘殷仲堪何如韩康伯？’答曰：‘理义所得，优劣乃复未辨。然门庭萧寂，居然有名士风流，殷不及韩。’故殷作诔云：‘荆门昼掩，闲庭宴然。’”

②“隐不违亲”二句：语出南朝范晔《后汉书·郭泰列传》：“或问汝南范滂：‘郭林宗何如人？’滂曰：‘隐不违亲，贞不绝俗，天子不得臣，诸侯不得友，吾不知其它。’”

③太山乔岳：语出宋代苏洵《上皇帝十事书》：“先王制其天下。尊尊相高，贵贵相承，使天下仰视朝廷之尊，如太山乔岳，非扳援所能及。”

〔译文〕

白天时荆门也关着，庭院中一片闲适安宁，这便是行云流水般的胸怀；隐居而不违背亲情，高洁而不隔绝世俗，这便是如泰山高岳般的气象。

萧斋香炉书史①，酒器俱捐②；北窗石枕松风，茶铛将沸。

〔注释〕

①萧斋：唐代李肇《唐国史补》记载："梁武帝造寺，令萧子云飞白大书'萧'字，至今一'萧'字存焉。李约竭产自江南买归东洛，匾于小亭以玩之，号为'萧斋'。"后多指书斋。

②酒器俱捐：语出《世说新语·任诞》："刘伶病酒，渴甚，从妇求酒。妇捐酒毁器，涕泣谏曰：'君饮太甚，非摄生之道，必宜断之！'"

〔译文〕

书斋中放有香炉书史，就可以捐酒毁器；北窗下有石枕，伴着阵阵松风，茶铛里的水就要煮沸了。

明月可人，清风披坐，班荆问水[①]，天涯韵士高人，下箸佐觞[②]，品外涧毛溪蔌[③]，主之荣也[④]；高轩塞户，肥马嘶门，命酒呼茶，声势惊神震鬼，叠筵累几[⑤]，珍奇罄地穷天[⑥]，客之辱也。

〔注释〕

①班荆：指朋友相遇，共坐谈心。问水：典出《左传·僖公四年》："昭王南征而不复，寡人是问，对曰：'贡之不入，寡君之罪，敢不共给？昭王之不复，君其问诸水滨。'"意思为不承担责任或不相干。

②箸(zhù)：筷子。

③涧毛溪蔌：山涧中的水藻和菜蔬。

④荣：荣幸。

⑤叠筵累几：桌筵和几案相互叠放，比喻菜肴极其丰盛。

⑥罄：穷，尽。

〔译文〕

明月皎洁，令人心旷神怡，清风习习，使人披衣而坐，与好友共坐谈心，所谈的都是与世事不相关的事情，来的都是天下高雅之士；用来下酒的，是山涧中的水藻菜蔬，这是主人的荣幸。高大的车子挤满门前，肥壮的马在嘶鸣，命令斟酒倒茶，声势大到惊动鬼神，几案堆叠，珍奇美味穷尽人间，这是客人的耻辱。

菜甲初长①，过于酥酪②。寒雨之夕，呼童摘取，佐酒夜谈，嗅其清馥之气，可涤胸中柴棘③，何必纯灰三斛④。

〔注释〕

①菜甲：菜初生的叶芽。

②酥酪：用牛羊乳制成的食品。

③胸中柴棘：比喻心胸狭窄，充满世俗之气。《世说新语·轻诋》："深公云：'人谓庾元规名士，胸中柴棘三斗许。'"

④纯灰三斛：语出《晋书·石季龙载记下》："季龙曰：'吾欲以纯灰三斛洗吾腹，腹秽恶，故生凶子，儿年二十余，便欲杀公。'"灰，指草木灰，古代用来作洗涤剂。

〔译文〕

初长的菜芽，美味过于酥酪。寒雨之夜，呼唤小童摘取，夜谈时来下酒，嗅到清香的气味，可以洗涤胸中的世俗之气，何必饮下三斛纯灰。

暖风春坐酒，细雨夜窗棋。

〔译文〕

和煦的春风中闲坐饮酒，飘着小雨的夜晚窗下对棋。

秋冬之交，夜静独坐，每闻风雨潇潇，既凄然可愁，必复悠然可喜，至酒醒灯昏之际，尤难为怀。长亭烟柳，白发犹劳，奔走可怜名利客；野店溪云，红尘不到，逍遥时有牧樵人。天之赋命实同，人之自取则异①。

〔注释〕

①自取：自我选择。

〔译文〕

秋冬交替的时候，夜晚独自静坐，每每听到潇潇风雨声，既凄凉使人忧愁，又悠然令人喜悦，等到酒醒灯昏时，尤其难以释怀。十里长亭，柳絮如烟，白发苍苍仍然辛劳，为名利而奔走实在可怜；山村野店，清溪白云，滚滚红尘污染不到，那些砍柴放牧的人才是真正逍遥自在。上天赋予每个人的命运相同，只是人们的自我选择有差异。

黄花红树，春不如秋；白雪青松，冬亦胜夏。春夏园林，秋冬山谷，一心无累，四季良辰。

〔译文〕

秋天有黄菊和红枫，所以称春天不如秋天；冬天有白雪和青松，所以冬天胜过夏天。春夏季的园林，秋冬季的山谷，内心没有牵累，一年四季便都是良辰美景。

听牧唱樵歌，洗尽五年尘土肠胃；奏繁弦急管，何如一派山水清音[①]。

〔注释〕

①何如：比不上。

〔译文〕

听牧童和樵夫的歌唱，洗尽多年间被世俗污染的肠胃；弹奏繁杂急促的管弦之乐，怎么比得上一派山水间的自然清音。

从五更枕席上参看心体[①]，心未动，情未萌，才见本来面目；向三时饮食中谙练世味[②]，浓不欣[③]，淡不厌，方为切实工夫。

〔注释〕

①五更枕席：指深夜躺在床上之时。

②谙(ān)练：熟悉。

③欣：高兴。

〔译文〕

夜晚枕在席上，参看自己的内心，心没有触动，情未能萌发，才得以看到本来面目；在一日三餐的饮食中熟悉世味，不因为味道浓烈而高兴，也不会因为味道淡薄而厌弃，这才是真功夫。

偶向水村江郭，放不系之舟[①]；还从沙岸草桥，吹无孔之笛[②]。

〔注释〕

①不系之舟：没有束缚和绳索捆绑的船，比喻无拘无束的身躯，也指漂泊不定的生活。语出《庄子·列御寇》："巧者劳而知者忧，无能者无所求，食而遨游，泛若不系之舟，虚而遨游者也。"

②无孔之笛：原指无法吹鸣的无孔之笛，在禅林中指禅宗悟境无法以心思或言语来表达。

〔译文〕

偶尔到水边村庄、江边城郭，放开没有绳子系着的小船，让它任意漂流；还在沙质的岸边和草桥旁，吹奏没有孔的笛子。

耳根似飚谷投响，过而不留，则是非俱谢；心境如月池浸色，空而不着[①]，则物我两忘。

〔注释〕

①着：沾染。

〔译文〕

耳根所听，像有大风刮过山谷一样，吹过后什么也不留下，那么是非对错都会消失；心境像月光照在水中，空空不染一点颜色，那么就能达到物我两忘的境界。

心事无不可对人语[①]，则梦寐俱清；行事无不可使人见，则饮食俱稳。

〔注释〕

①无不可：没有不可以。语：说。

〔译文〕

心事没有不能对别人说的，那么做梦都会清晰入目；做事没有不可以让别人看到的，那么饮食也会安稳。

卷 六

〔题解〕

卷六为“景”,所展现的多是山居生活、田园风光,如四季变化、山中美景、花草树木、鸟兽禽鱼等,还提到郊居规制和静室布置。

在本卷中,可以欣赏到春天细草微风,夏天丛竹蝉声,秋天征鸿回渚,冬天露坠冰柯。“一切景语皆情语”,说景便是说情,这些自然风光朴实无华,日常生活淡雅闲适,烘托出了一个个高人雅士的形象,侧面反映了作者同样寄情山水,向往隐逸生活。

景

结庐松竹之间,闲云封户;徙倚青林之下[1],花瓣沾衣。芳草盈阶,茶烟几缕;春光满眼,黄鸟一声。此时可以诗,可以画,而正恐诗不尽言,画不尽意。而高人韵士,能以片言数语尽之者,则谓之诗可,谓之画可,则谓高人韵士之诗画亦无不可。集景第六。

〔注释〕

①徙倚:徘徊。

〔译文〕

在松竹间搭建茅屋，浮云萦绕在门前；徘徊在青翠的树林中，花瓣片片沾落在衣服上。芳草铺满台阶，几缕煮茶的青烟袅袅升起；满眼都是春光明媚，侧耳听到黄鸟一声啼叫。这时可以作诗，可以画画，只担心诗不能道心中之言，画不尽胸中之意。而那些高人雅士，能用片言只语完全表达心意，那么称诗也可以，画也可以，就是说高人雅士的诗画也没有什么不可。于是编纂第六卷“景”。

花关曲折，云来不认湾头；草径幽深，落叶但敲门扇。

〔译文〕

开满鲜花的关山曲曲折折，白云飘来也认不清哪里是停靠的港湾；芳草萋萋的小路幽长深远，落叶轻轻敲打着门扇。

细草微风，两岸晚山迎短棹[①]；垂杨残月，一江春水送行舟。

〔注释〕

①短棹(zhào)：划船用的小桨，此处指船只。

〔译文〕

微风吹拂着细草，傍晚时分两岸山峰好像在迎接归来的行船;弯月照映着垂柳,一江春水静静流淌,仿佛在送别即将远行的船只。

草色伴河桥,锦缆晓牵三竺雨[①];花阴连野寺,布帆晴挂六桥烟[②]。

〔注释〕

①三竺:浙江杭州飞来峰上东南的天竺山,有上天竺、中天竺、下天竺三座寺院,合称“三天竺”,简称“三竺”。

②六桥:浙江杭州西湖外湖苏堤上六桥,为苏轼所建,分别为:映波、锁澜、望山、压堤、东浦、跨虹。

〔译文〕

青草的翠色伴着河上的小桥,锦绣的船缆在晨光中牵系着三竺的细雨;花阴满地,一直连到野外的寺院,船上的布帆在晴日里悬挂着六桥的烟云。

闲步畎亩间[①],垂柳飘风,新秧翻浪,耕夫荷农器[②],长歌相应,牧童稚子,倒骑牛背,短笛无腔,吹之不休,大有野趣。

〔注释〕

①畎(quǎn)亩:田间,田地。

②荷(hè):背着。

〔译文〕

漫步在田间小道,垂柳随风摆舞,新插的秧苗随风翻浪,耕作的农夫背着农具,唱着悠扬的山歌,牧童倒骑在牛背上,用短笛吹出不成腔调的声音,却乐此不疲吹个不停,十分富有野趣。

垂柳小桥,纸窗竹屋,焚香燕坐①,手握道书一卷。客来则寻常茶具,本色清言,日暮乃归,不知马蹄为何物②。

〔注释〕

①燕坐:安坐,闲坐。

②马蹄:用《庄子·马蹄》篇中的典故,比喻性情受到束缚。

〔译文〕

垂柳下,小桥边,在有纸糊窗户的竹屋中焚香闲坐,手里捧着一卷道书。客人来访,便用平常的茶具招待,用朴实无华的语言交谈,天黑了才归去,不知道束缚性情是何物。

门内有径,径欲曲;径转有屏,屏欲小;屏进有阶,阶欲平;阶畔有花,花欲鲜;花外有墙,墙欲低;墙内有松,松欲古;松底有石,石欲怪;石面有亭,亭欲朴;亭后有竹,竹欲疏;竹尽有室,室欲幽;室旁有路,路欲分;路合有桥,桥欲危;桥边有树,树欲高;树阴有草,草欲青;草上有渠，渠欲细；渠引有泉，泉欲瀑；泉去有山，山欲深；山下有屋，屋欲方；屋角有圃，圃欲宽；圃中有鹤，鹤欲舞；鹤报有客，客不俗；客至有酒，酒欲不却[①]；酒行有醉，醉欲不归。

〔注释〕

①却：推辞，托辞。

〔译文〕

门内有小路，小路要曲折；小路回转的地方有屏风，屏风要小巧；过了屏风要有台阶，台阶要平缓；台阶旁种植花卉，花朵要鲜艳；花外有围墙，围墙要低矮；围墙内有松树，松树要古朴；松树下有石头，石头要怪奇；石头对面有亭子，亭子要朴实；亭子后面有竹林，竹林要稀疏；竹林尽头有房屋，房屋要幽静；房屋旁有小路，小路要有分岔；小路会合的地方有桥，桥要高悬；桥边有树木，树木要高大；树荫下有草地，草色要青；草地上有沟渠，沟渠要细长；沟渠引来泉水，泉水要从高处流下，形成飞瀑；泉水的去处有山，山谷要深邃；山下有房屋，房屋要建得方正；房屋一角有园圃，园圃要宽阔；园圃中有仙鹤，仙鹤要翩翩起舞；仙鹤报告有客人来访，客人气质不俗；客人到来，用酒招待，把酒言欢毫不推辞；饮酒酣畅尽兴，醉了便不归去。

清晨林鸟争鸣，唤醒一枕春梦。独黄鹂百舌[①]，抑扬高下，最可人意。

〔注释〕

①百舌：鸟名，其叫声反反复复，如同百鸟鸣叫，故称“百舌”。

〔译文〕

清晨树林中百鸟争鸣，唤醒了一枕的春梦。唯独黄鹂、百舌，叫声抑扬顿挫，婉转动听，最能够令人称意。

高峰入云，清流见底。两岸石壁，五色交辉；青林翠竹，四时俱备。晓雾将歇[1]，猿鸟乱鸣；日夕欲颓，沉鳞竞跃，实欲界之仙都[2]。自康乐以来[3]，未有能与其奇者。

〔注释〕

①歇：此处指散去。
②欲界：指人世间。
③康乐：即谢灵运，南朝诗人、文学家，世袭为康乐公，故称谢康乐。

〔译文〕

高耸的山峰直入云霄，清澈的河流明净见底。两岸石壁耸立，五彩斑斓交相辉映；青翠的竹林树丛，风景四季常新。晨雾刚刚消散，猿猴飞鸟竞相鸣叫；傍晚夕阳落山，鱼儿争相跃出水面，实在是人间的仙都。自谢康乐以来，没有谁能真正领略这奇特的景色。

净扫一室，用博山炉[①]，爇沉水香[②]，香烟缕缕，直透心窍，最令人精神凝聚。

〔注释〕

①博山炉：中国汉、晋时期民间常见的焚香所用的器具。《群书札记·博山炉》："博山炉上广下狭，削成而四方，形象华山，故以得名。"

②爇（ruò）：烧。沉水香：用沉香木的脂膏加工而成的香，可以沉入水中。

〔译文〕

打扫干净一间房屋，用博山炉焚烧沉水香，飘出缕缕香烟，直达人的心窍，最是让人凝聚精神。

每登高丘，步邃谷，延留燕坐[①]，见悬崖瀑流，寿木垂萝，闷邃岑寂之处[②]，终日忘返。

〔注释〕

①燕坐：安坐，闲坐。

②闷（bì）邃：幽静深邃。

〔译文〕

每每登上高丘，进入深谷，停留闲坐，看到悬崖上瀑布飞泻，千年古木布满藤萝，这样幽静深邃的地方，让人终日流连忘返。

每遇胜日有好怀[①]，袖手哦古人诗足矣[②]。青山秀水,到眼即可舒啸,何必居篱落下,然后为己物?

〔注释〕

①好怀:好的心情。

②哦(é):吟咏。

〔译文〕

每逢天气好的时候,便心情大好,袖着手吟咏几句古人的诗句就心满意足了。青山秀水,只要进入眼中,都可以尽情长歌吟啸,何必一定要放在自己的篱笆下,才认为是自己的景物呢?

柴门不扃[①],筠帘半卷[②],梁间紫燕,呢呢喃喃,飞出飞入。山人以啸咏佐之[③],皆各适其性。风晨月夕,客去后,蒲团可以双跏[④];烟岛云林,兴来时,竹杖何妨独往?

〔注释〕

①扃(jiǒng):关。

②筠(yún):竹子的青皮,借指竹子。

③佐:陪同。

④双跏(jiā):双足交叠而坐。

〔译文〕

柴门不关,竹帘半卷,屋梁间的紫燕,呢呢喃喃,飞进飞出。山居的人用长啸吟咏与之相和,彼此适应情性。微风和煦的清晨，明月高照的夜晚，客人离开后，可以在蒲团上跏坐；烟雾弥漫的小岛，云雾缭绕的树林，兴致来时，拄着竹杖独自前往又何妨？

三径竹间[①]，日华澹澹[②]，固野客之良辰；一偏窗下，风雨潇潇，亦幽人之好景。

〔注释〕

①三径：典出汉代赵岐《三辅决录》："蒋诩归乡里，荆棘塞门，舍中有三径，不出，惟求仲、羊仲从之游。"多喻指退隐所居田园。

②日华：日光。澹澹：水波荡漾的样子。

〔译文〕

在隐居的竹林中，日光照耀，固然是隐居者的好时光；一扇偏窗下，窗外风雨潇潇，同样是幽居者的好风景。

乔松十数株，修竹千余竿。青萝为墙垣，白石为鸟道。流水周于舍下，飞泉落于檐间。绿柳白莲，罗生池砌。时居其中，无不快心。

〔译文〕

高大的松树数十棵，修长的竹子千余竿。青绿的藤萝爬满墙壁，白色的石头铺成弯曲的小道。流水环绕着房舍，飞泉从檐间落下。绿柳环绕在池塘周围，白莲生长在池塘中间。居住在这里，未尝不称心。

有屋数间，有田数亩；用盆为池，以瓮为牖[1]；墙高于肩，室大于斗。布被暖余，藜羹饱后[2]；气吐胸中，充塞宇宙；笔落人间，辉映琼玖[3]。人能知止，以退为茂；我自不出，何退之有？心无妄想，足无妄走；人无妄交，物无妄受。炎炎论之[4]，甘处其陋；绰绰言之，无出其右。羲轩之书[5]，未尝去手；尧舜之谈，未尝离口。谭中和天[6]，同乐易友；吟自在诗，饮欢喜酒。百年升平，不为不偶[7]；七十康强，不为不寿。

〔注释〕

①以瓮为牖：以破瓮为窗，指贫寒之家。

②藜羹：用藜菜做的羹，泛指粗劣的食物。《史记·太史公自序》："粝粱之食，藜藿之羹。"

③琼玖：美玉，指贤才。《诗·卫风·木瓜》："投我以木李，报之以琼玖。"

④炎炎（tán）：盛大，有气势。《庄子·齐物》："大言炎炎，小言詹詹。"

⑤羲轩：伏羲氏和轩辕氏。

⑥谭：同"谈"。

⑦不偶：命运不济。

〔译文〕

有数间房屋，田地几亩；用瓦盆作水池，以破瓮为窗户；墙壁只比肩高一些，房间只大于斗。但只要布被可以暖身，有藜羹这样的粗茶淡饭饱腹，便可以吐露心声，充斥宇宙；笔触落向人间，字字珠玑，与美玉琼玖交相辉映。人能知道何时停止，以退为进;而我从来未曾出仕入世,哪里有退隐一说?心中没有杂念,也不随意涉足;没有乱交朋友,不接受不义之财。从气势上来看,这是甘愿隐居在偏僻之处;以自由旷达来看,没有人能超过。上古时期的书籍,从来不曾离手;尧、舜等圣人的观点,未曾离口。谈论的是中正平和的事情,结交的是温柔敦厚的朋友;吟咏的是自在的诗句,饮下的是欢喜的美酒。百年的天下太平,不可谓命运不济;七十岁时身体依然健康强壮,不可谓不长寿。

以江湖相期,烟霞相许,付同心之雅会,托意气之良游。或闭户读书,累月不出;或登山玩水,竟日忘归。斯贤达之素交[1],盖千秋之一遇。

〔注释〕

①素交:真诚纯洁的友情。南朝刘孝标《广绝交论》:"斯贤达之素交,历万古而一遇。"

〔译文〕

以浪迹江湖、与烟霞为伴作为期许,将自己托付给意气相投的朋友,与其一起聚会交游。有时闭门读书,一连数月不外出;有时登山玩水,整日不归。这种贤明豁达的友情,大概千年才能遇上一次。

荫映岩流之际,偃息琴书之侧[1]。寄心松竹,取乐鱼鸟,则淡消之愿,于是毕矣[2]。

〔注释〕

①偃(yǎn)息:休养,歇息。

②毕:完成。

〔译文〕

树荫的影子映在岩石流水之上,在琴书的侧旁歇息。寄托心志于松竹间,从鱼鸟处得到乐趣,那么淡泊的愿望,便得以实现。

庭前幽花时发,披览既倦,每啜茗对之,香色撩人,吟思忽起,遂歌一古诗,以适清兴。

〔译文〕

庭院前幽香的花随着时节开放,读书疲倦时,每每对着鲜花饮茶,花香撩人,吟咏的雅兴大发,于是歌咏一首古诗,来表达自己清雅的兴致。

凡静室,须前栽碧梧,后种翠竹,前檐放步,北用暗窗,春冬闭之,以避风雨,夏秋可开,以通凉爽。然碧梧之趣,春冬落叶,以舒负暄融和之乐;夏秋交荫,以蔽炎烁蒸烈之威。四时得宜,莫此为胜。

〔译文〕

凡是宁静的房屋,须要前面栽种碧绿的梧桐,后面栽种青翠的绿竹，前面屋檐放长，可以闲步，北面有暗窗，春冬时关闭，可以躲避风雨，夏秋时敞开，可以通风凉爽。然而栽种梧桐的乐趣，在于春冬时叶子落尽，可以使人背对太阳取暖，享受暖融之乐；夏秋时树叶繁茂，交叠成荫，可以遮挡炎炎烈日，减轻酷暑的威力。四季都各有所宜，没有什么比这更好的。

家有三亩园，花木郁郁。客来煮茗，谈上都贵游、人间可喜事[1]，或茗寒酒冷，宾主相忘。其居与山谷相望[2]，暇则步草径相寻。

〔注释〕

①上都：古代对京都的通称。

②山谷：指黄庭坚，字鲁直，号山谷道人、涪翁，北宋著名文学家、书法家。

〔译文〕

家中有三亩田园，花木郁郁葱葱。客人来访，便烹煮茗茶，谈论京都达官贵人的云游、世间可喜的事情，有时茶凉酒冷，宾主都已经忘记彼此的存在。他的居所与黄庭坚的住处遥遥相望，闲暇时便走过草径寻访。

良辰美景，春暖秋凉，负杖蹑履，逍遥自乐。临池观鱼，披林听鸟；酌酒一杯，弹琴一曲。求数刻之乐，庶几居常以待终[1]。筑室数楹，编槿为篱[2]，结茅为亭。以三亩荫竹树、栽花果，二亩种蔬菜，四壁清旷，空诸所有。蓄山童灌园薙草[3]，置二三胡床着亭下，挟书剑以伴孤寂，携琴弈以迟良友，此亦可以娱老。

〔注释〕

①庶几：差不多。

②槿：木槿树。

③薙（tì）：除草。

〔译文〕

良辰美景，春暖秋凉，拄着竹杖，穿着草鞋，逍遥自在。到池塘边观鱼跃，到林中听鸟鸣；喝上一杯酒，弹奏一曲琴。求得数刻的快乐，差不多也可以以此安享晚年。建筑几间房屋，用木槿编成篱笆，用茅草搭成亭子。用三亩田地栽种竹树和花果，二亩田地种蔬菜，家徒四壁，一无所有。畜养几个山童浇灌田园铲除杂草，在亭下放置两三张胡床，带着书籍和宝剑来打发孤寂，携带古琴和棋盘等待好友，这便可以自我娱乐到老。

盛暑持蒲，榻铺竹下，卧读骚经。树影筛风，浓阴蔽日，丛竹蝉声，远远相续，蘧然入梦[1]。醒来命取榐栉发[2]，汲石涧流泉，烹云芽一啜[3]，觉两腋生风。徐步草玄亭，芰荷出水[4]，风送清香，鱼戏冷泉，凌波跳掷。因陟东皋之上[5]，四望溪山罨画[6]，平野苍翠，激气发于林瀑，好风送之水涯。手挥麈尾，清兴洒然，不待法雨凉雪[7]，使人火宅之念都冷[8]。

〔注释〕

①蘧(qú)然：惊喜的样子。

②桭(zhèn)：木梳。栉(zhì)：梳。

③云芽：云雾茶。

④芰(jì)荷：菱叶和荷叶。

⑤陟(zhì)：登高。东皋：东面的高地。

⑥罨(yǎn)：覆盖。

⑦法雨：佛教语，喻佛法。

⑧火宅：佛教语，比喻充满愁苦的人世。

〔译文〕

盛夏酷暑，拿着蒲扇，将床榻铺在竹林下，躺着读《离骚》《诗经》。风从树影中吹来，浓密的树荫遮住太阳，竹林中传来蝉鸣，由远而近，连续不断，让人在惊喜中进入梦乡。醒来时命人取来梳子梳头，取来石涧中流动的泉水，烹煮云雾茶品尝，只觉得两腋下生风。缓步草玄亭，芰叶与荷叶探出水面，微风送来阵阵清香，鱼儿在清凉的泉水中嬉戏，不时跃出水面。于是登上东面的高地，环望溪水山峦，风景如画，原野上苍翠欲滴，激越之气发于林中瀑布，习习凉风吹到水边。手中挥动麈尾，清雅的兴致油然而生，不需要等待佛法之雨或冰凉的雪花，便使人的世俗欲念冷却消退。

山曲小房，入园窈窕幽径，绿玉万竿[1]，中汇涧水为曲池，环池竹树、云石。其后平冈逶迤，古松鳞鬣[2]，松下皆灌丛杂木，茑萝骈织，亭榭翼然。夜半鹤唳清远，恍如宿花坞，间闻哀猿啼啸，嘹呖惊霜[3]，初不辨其为城市为山林也。

〔注释〕

①绿玉：指竹子。

②鳞鬣（liè）：本义指龙的鳞片和鬣毛。此处指松树皮和松针。

③嘹呖：形容声音凄清响亮。

〔译文〕

山弯处的小房屋，走进园内蜿蜒曲折的小径，有绿竹万竿，中间汇聚涧水而成为一泓弯曲的池水，竹树、云石环绕在池边。后面是逶迤起伏的山冈，松木参天，松树下灌木丛生，蔓草藤萝相互交织，亭台楼榭如鸟翼般展开。夜半时分，鹤鸣声清亮悠远，恍然间像住在花坞中，又间或听到猿猴的哀叫凄鸣，声音凄厉惊动秋霜，最初无法分辨在城市还是在山林中。

万里澄空，千峰开霁，山色如黛，风气如秋，浓阴如幕，烟光如缕。笛响如鹤唳，经呗如咿唔[1]；温言如春絮，冷语如寒冰。此景不应虚掷。

〔注释〕

①咿唔（yīwú）：多形容读书声。

〔译文〕

万里晴空，山峰云开雨散，山色苍翠如黛，风气清凉似秋，浓密的树荫好像帷幕，烟光像如缕丝线。笛声如鹤鸣，诵经声好像咿唔读书；温暖的话语好像春天的飞絮，冷峭的话语像是冬天的寒冰。这样美好的景色不应该虚度。

山房置古琴一张，质虽非紫琼绿玉，响不在焦尾、号钟[①]，置之石床，快作数弄。深山无人，水流花开，清绝、冷绝。

〔注释〕

①焦尾、号钟：与绕梁、绿绮并称我国古代四大名琴。焦尾，相传为汉代蔡邕所制，《后汉书·蔡邕列传》："吴人有烧桐以爨者，邕闻火烈之声，知其良木，因请而裁为琴，果有美音，而其尾犹焦，故时人名曰焦尾琴。"号钟，周代名琴，琴声洪亮，如钟声激荡，号角长鸣。

〔译文〕

在山房中放置一张古琴，材质虽然并非珍贵的美玉，声响也比不上焦尾、号钟，将它放在石床上，快速弹奏几曲。深山中寂静无人，水流花开，使人更加感到清冷之极。

密竹轶云[①]，长林蔽日，浅翠娇青，笼烟惹湿。构数椽其间，竹树为篱，不复葺垣[②]。中有一泓流水，清可漱齿，曲可流觞[③]。放歌其间，离披蒨郁[④]，神涤意闲。

〔注释〕

①轶：超过。

②葺(qì)垣：修葺墙垣。

③曲可流觞：即流觞曲水，古时一种风俗，每年三月初三，人们就会在水边宴饮，把盛酒的酒杯放在弯弯曲曲的溪水中，让其自由漂流，停下即取饮并赋诗。

④离披：盛貌，多貌。蒨(qiàn)郁：草木青葱的样子。

〔译文〕

竹林直冲云霄，高大的树木遮天蔽日，浅翠娇嫩，烟雾笼罩，带着湿润的气息。在这其中搭建房屋，竹树作为篱笆，不用修葺墙垣。中间有一泓流水，清澈得可以漱口，弯曲有致，可以流觞。放声歌唱，草木茂盛而散乱，神情清爽而悠闲。

抱影寒窗，霜夜不寐，徊徘松竹下。四山月白，露坠冰柯，相与咏李白《静夜思》，便觉冷然。寒风就寝，复坐蒲团，从松端看月，煮茗佐谈，竟此夜乐[1]。

〔注释〕

①竟：完成，完毕。

〔译文〕

在寒冷的窗前抱膝影坐，霜夜不能入眠，在松竹下徘徊。环顾四周青山，月光皎洁，露珠坠落在冰冷的树枝上，吟咏李白的

《静夜思》，顿时更觉清冷悲凉。在寒风中准备就寝，又坐在蒲团上，从松端处望月，煮茶闲谈，通宵达旦，乐此不疲。

四林皆雪，登眺时见絮起风中①，千峰堆玉，鸦翻城角，万壑铺银。无树飘花片片，绘子瞻之壁②；不妆散粉点点，糁原宪之羹③。飞霰入林④，回风折竹，徘徊凝览，以发奇思。画冒雪出云之势⑤，呼松醪茗饮之景⑥。拥炉煨芋，欣然一饱。随作雪景一幅，以寄僧赏。

〔注释〕

①絮起风中：典出《世说新语·言语》："谢太傅寒雪日内集，与儿女讲论文义，俄而雪骤，公欣然曰：'白雪纷纷何所似？'兄子胡儿曰：'撒盐空中差可拟。'兄女曰：'未若柳絮因风起。'"

②子瞻之壁：苏轼，字子瞻，曾作《念奴娇·赤壁怀古》，中有"乱石穿空，惊涛拍岸，卷起千堆雪"句。

③糁（sǎn）：散开。原宪：孔子的弟子，虽贫穷但不追逐名利，安贫乐道。

④霰（xiàn）：高空中的水蒸气遇到冷空气凝结成的小冰粒，多在下雪前或下雪时出现。

⑤画冒雪出云之势：北宋画家范宽善画雪景，宋代刘道醇《宋朝名画评》评范宽："好画冒雪出云之势，尤有骨气也。"

⑥松醪（láo）：用松脂或松花酿的酒。

〔译文〕

四周的树林都被积雪覆盖，登高眺望时看见白雪像柳絮一样在空中飘舞,连绵的山峰好像白玉堆砌而成,寒鸦在城角翻飞,山谷仿佛铺满白银。没有树却飘下片片花瓣,描绘出苏轼所写的赤壁景象;没有梳妆却见点点散粒,如同原宪藜羹中的糁。飞散的雪花飘入树林,回旋的风折断竹子。徘徊其中,凝神观赏,突发灵感,画出冒雪出云的气势,呼唤小童取来松醪、茗茶的景象。靠近火炉烤山芋,美美地吃饱。随后画了一幅雪景图,寄给僧人评赏。

孤帆落照中,见青山映带,征鸿回渚[①],争栖竞啄。宿水鸣云,声凄夜月,秋飕萧瑟,听之黯然,遂使一夜西风,寒生露白。万山深处,一泓涧水,四周削壁,石磴崭岩[②],丛木蓊郁,老猿穴其中,古松屈曲,高拂云巅,鹤来时栖其顶。每晴初霜旦,林寒涧肃,高猿长啸,属引清风,风声鹤唳,嘹呖惊霜,闻之令人凄绝。

〔注释〕

①渚(zhǔ):水中的小块陆地。

②石磴(dèng):石头台阶。

〔译文〕

孤帆沐浴在斜阳的余晖中,只见青山映入水中如带,远飞的鸿雁回到水中小洲上,争相寻找栖息的地方和食物。有的在水中栖息,有的在云间鸣叫,声音凄绝,更显月夜悲凉,秋风萧瑟,使人听后黯然神伤,于是一夜西风,寒气顿生,白露降临。万山深处，一泓清泉，四周都是悬崖峭壁，岩上有凿出的石阶，树木郁郁葱葱，老猿居住其中，古松弯曲，高入云端，仙鹤来时栖息在顶端。每到天色初晴降霜的早晨，树林和山涧中一片肃杀凄清，高处的猿猴仰天长啸，声音持续不断，十分凄凉，风声呼啸，仙鹤悲唳，惊彻霜天，听上去让人感到凄凉至极。

春雨初霁，园林如洗，开扉闲望，见绿畴麦浪层层，与湖头烟水相映带，一派苍翠之色，或从树杪流来[①]，或自溪边吐出。支筇散步[②]，觉数十年尘土肺肠，俱为洗净。

〔注释〕

①树杪（miǎo）：树梢。

②筇（qióng）：筇竹，此处指拐杖。

〔译文〕

春雨刚刚下过，天气放晴，园林如同洗过一样，打开门四处闲望，看到碧绿的田间麦浪层层涌起，与湖边的烟水相互映衬，一派苍翠之色，有时从树梢流下来，有时从溪边吐出。撑着拐杖散步，顿觉数十年被尘俗污染的肺肠，一时都被洗得干干净净。

四月有新笋、新茶、新寒豆、新含桃[①]，绿阴一片，黄鸟数声，乍晴乍雨，不暖不寒。坐间非雅非俗，半醉半醒，尔时如从鹤背飞下耳[②]。

〔注释〕

①寒豆:豌豆。含桃:樱桃。

②尔时:这时。

〔译文〕

四月份有新笋、新茶、新豌豆、新樱桃,绿树成荫,黄鸟时时啼叫数声,时晴时雨,不冷不热。坐间的宾客不是俗人也不是雅人,半醉半醒,这时的感觉像是坐在仙鹤背上飞下来一样。

高堂客散,虚户风来,门设不关,帘钩欲下。横轩有狻猊之鼎[①],隐几皆龙马之文[②],流览霄端,寓观濠上[③]。

〔注释〕

①狻猊(suānní):神话传说中龙生九子之一,排行第五,形似狮子,喜欢香火,其形象常出现在中国宫殿建筑、香炉上。

②龙马之文:《尚书传》:"伏羲氏王天下,龙马出河,遂则其文以画八卦,谓之河图。"

③濠上:《庄子·秋水》中记载庄子曾与惠施游于濠梁之上,论鱼之乐。后以濠上指逍遥闲游之所。

〔译文〕

高堂之上,宾客散去,虚掩的门户有清风吹来,门上不设门插,帘钩也想要放下来。门口放着刻有石兽的炉鼎,几案上纹着龙马的纹饰,浏览云端的景色,寓目濠上的风光。

花有喜怒、寤寐、晓夕[1]，浴花者得其候[2]，乃为膏雨[3]。淡云薄日，夕阳佳月，花之晓也；狂号连雨，烈焰浓寒，花之夕也；檀唇烘日[4]，媚体藏风，花之喜也；晕酣神敛，烟色迷离，花之愁也；欹枝困槛[5]，如不胜风，花之梦也；嫣然流盼，光华溢目，花之醒也。

〔注释〕

①寤(wù)寐:醒时和睡时。

②浴花者:浇花人。候:事物在变化中的情况。

③膏雨:滋润作物的霖雨。

④檀唇:红唇。

⑤欹(qī):倾斜,歪向一边。

〔译文〕

花有喜怒、清醒和休息、早晨和晚上的情绪，浇花的人如果能掌握其变化中的情况，就可以为它浇上滋润的甘霖。淡淡的云彩，稀薄的日光，夕阳的余晖中，皎洁的月光下，这是花之晓；狂风连雨，酷暑严寒，这是花之夕；像红唇烘托太阳，柔媚的身姿中隐藏风情，这是花之喜；精神不振，神色收敛，烟色迷离模糊，这是花之愁；斜枝垂落，依靠栏杆，弱不禁风，这是花之梦；像少女般顾盼生辉，光彩夺目，这是花之醒。

海山微茫而隐见，江山严厉而峭卓[1]，溪山窈窕而幽深，塞山童赪而堆阜[2]，桂林之山绵衍庞博[3]，江南之山峻峭巧丽。山之形色，不同如此。

〔注释〕

①峭卓：陡峭高峻。

②童赪（chēng）：荒芜不长草木的赤色土地。堆阜：小山。

③庞博：即磅礴。

〔译文〕

海上的山，迷蒙渺茫若隐若现；江岸的山，壁立千仞陡峭高峻；小溪边的山，窈窕曲折幽静深远；边塞的山，寸草不生，只见堆起的红色小丘；桂林的山，绵延不绝气势磅礴；江南的山，山势峻峭奇巧秀丽。山的形态景色，就是如此不同。

白云徘徊，终日不去，岩泉一支，潺湲斋中①。春之昼，秋之夕，既清且幽，大得隐者之乐，惟恐一日移去。

〔注释〕

①潺湲（yuán）：水流缓慢的样子。

〔译文〕

天空中白云徘徊，终日不散去，山岩中一支泉水，从书斋前潺潺流淌而过。春天的白日，秋天的傍晚，清净又幽雅，十分让隐者喜爱，只担心有一天离开这里。

与衲子辈坐林石上①，谈因果②，说公案③。久之，松际月来，振衣而起，踏树影而归，此日便是虚度。

〔注释〕

①衲子：本指僧人穿的百衲衣，后代指僧人。

②因果：佛教所主张的因果报应论。

③公案：佛教禅宗认为用教理来解决疑难问题，如官府判案，故称公案。

〔译文〕

与僧人坐在林间的石头上，谈论因果报应，禅宗公案。时间过去很久，不知不觉月亮已经悄悄从松树间升起，抖抖衣服站起来，踏着树影归去，这一日便是在清虚之中度过了。

结庐人径，植杖山阿[①]。林壑地之所丰，烟霞性之所适。荫丹桂，藉白茅，浊酒一杯，清琴数弄，诚足乐也。

〔注释〕

①山阿(ē)：山脚下。

〔译文〕

在人们登山的小路旁建造一座房屋，拄着拐杖攀山而上。森林沟壑是大地的丰饶，云烟彩霞与自己的性情相适宜。在丹桂下乘凉，靠着白色的茅草，饮一杯浊酒，拨弄几曲清雅的曲子，确实是足够快乐。

辋水沦涟[①]，与月上下。寒山远火，明灭林外。深巷小犬，吠声如豹，村虚夜舂②，复与疏钟相间。此时独坐，童仆静默。

〔注释〕

①辋（wǎng）水：即辋川，水名，在今陕西省蓝田县南。唐代诗人王维曾建下辋川别业。沦涟：水波起伏。

②舂（chōng）：把东西放在石臼中捣碎。

〔译文〕

辋水泛起层层涟漪，映着月光上下波动。远处的寒山中几点灯火，在树林外忽明忽暗。幽深的小巷中传来几声狗吠，声音犹如豹吼一般，夜晚村里不时响起舂米声，与寺庙的钟声相和。这时独自静坐，童仆也跟着静默无语。

晴雪长松，开窗独坐，恍如身在冰壶①；斜阳芳草，携杖闲吟，信是人行图画②。

〔注释〕

①身在冰壶：语出宋代杨万里《中秋前二夕钓雪舟中静坐》："人间何处冰壶是，身在冰壶却道非。"

②人行图画：语出宋代陈师道《雪后黄楼寄负山居士》："人行图画里，鸟度醉吟中。"

〔译文〕

雪后初晴，高大的松树上还挂着积雪，推开窗户，独自静坐，恍如身处冰壶之中；夕阳斜照，芳草萋萋，拄着手杖闲吟，确实如同人在画中行走。

小窗下修篁萧瑟[1]，野鸟悲啼；峭壁间醉墨淋漓，山灵呵护。霜林之红树，秋水之白蘋。

〔注释〕

①修篁(huáng)：修竹，长竹。

〔译文〕

小窗下修竹萧瑟，野鸟在悲啼；醉后在峭壁间泼墨作画，有山灵在呵护。霜入林间枫叶愈红艳，秋到水边白蘋更加白茫茫。

云收便悠然共游，雨滴便冷然俱清，鸟啼便欣然有会，花落便洒然有得[1]。

〔注释〕

①洒然：潇洒，洒脱。

〔译文〕

云收雾散，便与好友悠闲地出游；雨点滴落，凉气顿生，倍感清爽；鸟儿啼叫，欣然欢喜，有会于心；花瓣飘落，内心洒脱，似有所得。

山馆秋深，野鹤唳残清夜月；江园春暮，杜鹃啼断落花风。青山非僧不致，绿水无舟更幽。朱门有客方尊[1]，缁衣绝粮益韵[2]。

〔注释〕

①朱门：古代王侯贵族的府第大门漆成红色，以示尊贵，后泛指富贵人家。唐代杜甫《自京赴奉先县咏怀五百字》："朱门酒肉臭，路有冻死骨。"

②缁（zī）衣：黑色的衣服，代指僧人。

〔译文〕

深秋时节，山中馆舍，清寂的夜里听到野鹤在月下哀鸣；暮春时分，江边园林，花瓣在风中片片飘落，杜鹃声声悲啼。青山如果没有僧侣，便缺少了情致；绿水如果没有小舟漂浮，就显得格外幽静。豪门只有宾客不断，才会显得尊贵；僧人不食人间烟火，才更加富有韵致。

杏花疏雨，杨柳轻风，兴到欣然独往；村落烟横，沙滩月印，歌残倏尔言旋[1]。

〔注释〕

①倏（shū）尔：忽然，形容很快的样子。

〔译文〕

稀疏的雨点滴落在杏花上，微风轻拂着垂柳，兴致到来便欣然独自前往观赏；烟雾笼罩着村落，月亮映照在沙滩上，歌曲唱罢，马上就回去。

赏花酣酒，酒浮园菊片三盏；睡醒问月，月到庭梧第二枝。此时此兴，亦复不浅。

〔译文〕

赏花时畅快饮酒，三杯酒中都漂浮着园中菊花的花瓣；睡醒后问月亮为何时，月亮已经到了庭中梧桐的第二枝。这时的兴致，也是不浅。

小窗偃卧[①]，月影到床。或逗遛于梧桐，或摇乱于杨柳。翠华扑被，神骨俱仙，及从竹里流来，如自苍云吐出。

〔注释〕

①偃卧：躺卧。

〔译文〕

小窗下躺卧，月影映在床上。有时逗留在梧桐之上，有时在杨柳间飘摇。青翠的树影在月光照映下好像要迎面扑到被子上，精神和身体仿佛到了仙境，等到月光从竹林间流出来，又像是从苍云中倾泻而出。

读书宜楼，其快有五：无剥啄之惊[①]，一快也；可远眺,二快也;无湿气浸床,三快也;木末竹颠②,与鸟交语,四快也;云霞宿高檐,五快也。

〔注释〕

①剥啄:指敲门声。

②木末竹颠:树梢竹顶。

〔译文〕

读书适宜在楼上,其中的快乐有五种:没有客人叩门声的惊扰,这是一快;可以远眺,这是二快;床铺没有潮湿之气,这是三快;可以同竹梢树顶的鸟儿交谈,这是四快;云霞常常停留在高高的屋檐下,这是五快。

山径幽深,十里长松引路,不倩金张①;俗态纠缠,一编残卷疗人,何须卢扁②。

〔注释〕

①倩:借助。金张:汉时金日磾、张安世二人的并称,二人子孙相继,七世荣显,后代指显宦。

②卢扁:即春秋时期的神医扁鹊,因其家在卢国,故称。

〔译文〕

山中小路虽然幽深,但有十里长松为我引路,不需要依靠金日磾、张安世这样的显贵;身心为世俗百态所纠缠,一编残破的书卷可以治疗,又何须求助于扁鹊那样的神医?

出芝田而计亩[①],入桃源而问津[②]。菊花两岸,松声一丘,叶动猿来,花惊鸟去。阅丘壑之新趣,纵江湖之旧心。

〔注释〕

①芝田:传说中仙人种植芝草的地方。

②入桃源而问津:事见陶渊明《桃花源记》。津,渡口。

〔译文〕

走出芝田后计算亩数,进入桃源后询问渡口。菊花开遍两岸,松涛声传遍山丘,树叶摇动引来猿猴,花枝惊动鸟儿飞去。观赏山川丘壑间的新鲜和趣味,放纵自己昔日想要浪迹江湖的心愿。

篱边杖履送僧,花须列于巾角[①];石上壶觞坐客,松子落我衣裾。

〔注释〕

①巾角:头巾。

〔译文〕

篱笆旁,拄着拐杖穿着木屐送别僧人,花须沾在头巾的一角;石头上,摆上酒肴与客人坐谈,松子落在我的衣衫上。

烟霞润色，荃荑结芳[1]，出涧幽而泉冽，入山户而松凉。

〔注释〕

①荃：一种香草。荑（tí）：草木初生的嫩芽。

〔译文〕

云烟彩霞滋润秀色，荃草的嫩芽凝结着芬芳，幽深的山涧中流出的泉水清冽，进入山门就感到松风凉爽。

玩飞花之度窗[1]，看春风之入柳；命丽人于玉席，陈宝器于纨罗[2]。忽翔飞而暂隐，时凌空而更扬；竹依窗而庭影，兰因风而送香。风暂下而将飘，烟才高而不瞑。

〔注释〕

①度：穿过。
②纨罗：精美的丝织品。

〔译文〕

赏玩穿过窗纸的飞花，看春风吹拂柳枝；命令明丽的美人坐在竹席上，将珍宝器物放置在绫罗绸缎上。忽而飞翔，一时隐藏起来，忽而凌空越飞越高；依着窗边的竹林翻飞影动，兰花因为有风吹过送来阵阵馨香。风停下时又要飘起，烟刚刚升起便不再停息。

悠扬绿柳，讶合浦之同归[①]；缭绕青霄，环五星之一气[②]。

〔注释〕

①讶：迎接。合浦之同归：用“合浦珠还”的典故。《后汉书·孟尝列传》载，汉合浦郡不产谷物，但海中产珠宝，先前郡守大多贪秽，极力搜刮，致使很多珍珠移向别处。后来孟尝出任太守，革除弊端，使珍珠复还。

②五星：指金、木、水、火、土五星。

〔译文〕

悠扬飘荡的绿柳，迎接从合浦同归的珠玉；云烟缭绕的天穹，环绕五大行星连为一体。

卷　七

〔题解〕

一个“韵”字，意味无穷。作者在卷首语中提到当时有“焚香啜茗，清凉在口，尘俗在心，俨然自附于韵”的人，嘲讽附庸风雅行为的同时，可以看出作者心中的“韵”并非“俗韵”，而是与之相反的清雅之韵。

陶渊明诗云：“少无适俗韵，性本爱丘山。”作者眼中的“韵”，不仅在山水之间，而且表露在日常生活的方方面面：生活方式要高雅，景物要清雅，所作诗文要清新脱俗，情感则要真挚自然。本卷同样寄托了作者虽然隐逸山林，但仍保持高尚节操的追求。

韵

人生斯世，不能读尽天下秘书灵笈。有目而昧，有口而哑，有耳而聋，而面上三斗俗尘，何时扫去？则“韵”之一字，其世人对症之药乎？虽然，今世且有焚香啜茗，清凉在口，尘俗在心，俨然自附于韵[①]，亦何异三家村老妪[②]，动口念阿弥，便云升天成佛也。集韵第七。

〔注释〕

①自附：自认为附有。

②三家村：偏僻的小村落。

〔译文〕

人生在世，不能读完天下的秘籍奇书。有眼睛却看不见，有嘴巴却不能说，有耳朵却听不到，面上覆盖的三斗世俗灰尘，什么时候才能扫去？"韵"这一个字，是世人对症的药方吗？虽然，现在尚且有人焚香品茶，口是清凉的，心还是布满尘俗，俨然觉得自己有韵味，但又和三家村的老太太动动口念几句阿弥陀佛，便说升天成佛了有什么区别呢？于是编纂第七卷"韵"。

陈慥家蓄数姬①，每日晚藏花一枝，使诸姬射覆②，中者留宿，时号"花媒"。

〔注释〕

①陈慥（zào）：字季常，北宋眉州（今四川青神）人。

②射覆：古代一种游戏，在瓯、盂等器具下覆盖某一物件，让人猜是什么东西。

〔译文〕

陈慥家养了几个姬妾，每天晚上他都在器皿下藏一朵花，让姬妾们猜花所在的地方，猜中的人当晚便可留宿，当时人称"花媒"。

清斋幽闭，时时暮雨打梨花；冷句忽来，字字秋风吹木叶。多方分别[①]，是非之窦易开[②]；一味圆融，人我之见不立。

〔注释〕

①分别：见解不同。

②窦：端倪。

〔译文〕

清静的书斋关着，傍晚的雨不停吹打着梨花；凄冷的诗句忽然袭来，字字像秋风吹落树叶。多个立场的分辨区别，是非的疑窦容易解开；一味地圆润包容，对人对己都没有确定的意见。

春夜小窗兀坐[①]，月上木兰，有骨凌冰，怀人如玉。因想"雪满山中高士卧，月明林下美人来"语[②]，此际光景颇似。

〔注释〕

①兀坐：端坐。

②雪满山中高士卧，月明林下美人来：语出明代高启《梅花》诗。雪满山中高士卧：用袁安卧雪的典故。东汉袁安有节操，洛阳大雪，人多出门乞食，只有他高卧家中。月明林下美人来：用隋代赵师雄罗浮遇梅仙的典故。唐代柳宗元《龙城录》记载：赵师雄迁罗浮，日暮憩车松林间，看到一女子出迎，淡妆素服，芳香袭人，与其在酒肆欢饮，酒后醉寝，天明醒来时

发现自己躺在梅花树下。

〔译文〕

春天的夜晚端坐在小窗下，看月亮爬上木兰树，照映出木兰的骨气凌冰，洁白无瑕，好像品行高洁之人。因而想起“雪满山中高士卧，月明林下美人来”的句子，与现在的光景相似。

文房供具，借以快目适玩，铺叠如市，颇损雅趣。其点缀之注，罗罗清疏[1]，方能得致。

〔注释〕

①罗罗：疏朗清晰。

〔译文〕

书房中的陈设用具，是为了赏心悦目，幽雅适意，如果铺叠得像街市店铺中的摆设，就十分减损高雅的趣味。点缀布置的方法，应该疏朗清晰，才能有情致。

香令人幽，酒令人远，茶令人爽，琴令人寂，棋令人闲，剑令人侠，杖令人轻，麈令人雅，月令人清，竹令人冷，花令人韵，石令人隽[1]，雪令人旷，僧令人淡，蒲团令人野，美人令人怜，山水令人奇，书史令人博，金石鼎彝令人古[2]。

〔注释〕

①隽:隽永。

②鼎彝:古代祭器,上面多刻表彰有功之士的文字。东汉许慎《〈说文解字〉叙》:“郡国亦往往于山川得鼎彝,其铭即前代之古文,皆自相似。”

〔译文〕

香气使人感到清幽,饮酒使人感到高远,品茶使人感到清爽,弹琴使人感到寂静,下棋使人感到闲适,击剑使人感到侠气,拄杖使人感到轻快,挥麈使人感到高雅,月色使人感到清净,翠竹使人感到清冷,花使人感到韵致,石使人感到隽永,雪使人感到旷达,僧人使人感到淡泊,蒲团使人感到素朴,美人使人感到怜惜,山水使人感到奇特,经书史籍使人感到渊博,金石鼎彝使人感到古朴。

吾斋之中,不尚虚礼,凡入此斋,均为知己。随分款留[①],忘形笑语;不言是非,不侈荣利[②];闲谈古今,静玩山水;清茶好酒,以适幽趣。臭味之交[③],如斯而已。

〔注释〕

①随分款留:随便去留。

②不侈荣利:不羡慕荣华富贵。

③臭味:气味。

〔译文〕

我的书斋中,不崇尚虚假礼数,凡是进入书斋的人,都是知己。随便去留，欢声笑语中不拘行迹；不谈论是非得失，不羡慕荣华富贵；闲谈古往今来，静赏山水风光；品尝清茶好酒，来契合幽雅的情趣。品味相投的交情，不过如此。

窗宜竹雨声，亭宜松风声，几宜洗砚声，榻宜翻书声，月宜琴声，雪宜茶声，春宜筝声，秋宜笛声，夜宜砧声①。

〔注释〕

①砧（zhēn）声：捣衣的声音。

〔译文〕

小窗中适合听竹雨声，亭下适合听松风声，几案上适合听洗砚声，竹榻上适合听翻书声，月光下适合听弹琴声，雪天适合听烹茶声，春天适合听筝声，秋天适合听笛声，夜晚适合听捣衣声。

有花皆刺眼，无月便攒眉①，当场得无妒我；花归三寸管，月代五更灯，此事何可语人？

〔注释〕

①攒（cuán）眉：皱眉。

〔译文〕

有花就会吸引眼光，没有月亮便要皱眉不高兴，当场不会嫉妒我吧；花事归三寸之舌去管，月亮代替五更的灯火，这样的事怎么可以对别人说起呢？

看书筑得村楼，空山曲抱；趺坐扫来花径[①]，乱水斜穿。

〔注释〕

①趺(fū)坐：盘腿而坐。

〔译文〕

看书要在修筑的山村小楼上，周围有青山环绕；盘腿而坐要在打扫过的花间小路上，清澈的溪水四处流淌。

笔床茶灶，不巾栉闭户潜夫[①]；宝轴牙签，少须眉下帷董子[②]。鸟衔幽梦远，只在数尺窗纱；蛩递秋声悄[③]，无言一龛灯火。藉草班荆，安稳林泉之夕[④]；披裘拾穗，逍遥草泽之曜[⑤]。

〔注释〕

①巾栉：盥洗。闭门潜夫：用东汉王符的典故。王符终身隐居，闭门潜心读书，连盥洗都顾不上，终著成《潜夫论》一书。

②下帷董子：用董仲舒放下室内帷幕教书的典故，《史记·儒林列传》："下帷讲诵，弟子传以久次相受业，或莫见其面，盖三年董仲舒不观于舍园，其精如此。"

③蛩(qióng)：蟋蟀。

④夕(xī)：通"夕"，晚上。

⑤曜(yào):日光。

〔译文〕

笔床和茶灶,仿佛不顾盥洗整日闭门读书的隐士潜夫;装帧精美的书画卷轴和象牙做的书签,如同少须眉的下帷董子。鸟衔着幽梦飞远,梦境只在数尺窗纱之外;蟋蟀的叫声悄悄传递秋天的消息,对着一龛灯火无言。借着草坪盘腿而坐,在林泉间安然度过一夜;披着裘衣捡拾麦穗,逍遥自在于阳光照耀下的草泽之中。

万绿阴中,小亭避暑;八闼洞开[①],几簟皆绿[②]。雨过蝉声来,花气令人醉。

〔注释〕

①闼(tà):门。

②几簟(diàn):几案和竹席。

〔译文〕

万绿丛中,在小亭下避暑;树荫八面敞开,几案和竹席都好像染成了绿色。雨过之后传来阵阵蝉声,飘来的花香惹人沉醉。

与梅同瘦,与竹同清,与柳同眠,与桃李同笑,居然花里神仙。与莺同声,与燕同语,与鹤同唳,与鹦鹉同言,如此话中知己。

〔译文〕

与梅花一样消瘦，与竹子一样清雅，与垂柳同眠，与桃李同笑，好像花中的神仙。与黄莺一同歌唱，与燕雀一同说话，与仙鹤同鸣，与鹦鹉言语，这便是鸟语中的知己。

登山遇厉瘴[①]，放艇遇腥风，抹竹遇缪丝[②]，修花遇酲雾[③]，欢场遇害马，吟席遇伧夫[④]，若斯不遇，甚于泥途。偶集逢好花[⑤]，动歌逢明月，席地逢软草，攀登逢疏藤，展卷逢静云，战茗逢新雨，如此相逢，逾于知己[⑥]。

〔注释〕

①厉瘴：浓重的瘴气。

②抹（mò）竹：弹奏弦乐器。缪（jiū）丝：绞结的丝弦。

③酲（chéng）雾：此处指雾浓遮蔽住眼睛。

④伧（cāng）夫：粗野的农夫。

⑤偶集：偶尔的集会。

⑥逾：超过。

〔译文〕

登山时遇到浓重的瘴气，泛舟时遇到腥臭的大风，弹奏乐器时遇到绞结的琴弦，修建花草时遇到漫天大雾，欢乐场所遇到不解风情之人，吟咏席上遇到粗野的农夫，像这样的遭遇，比陷于泥泞路途中还要糟糕。偶然的集会巧逢好花盛开，放声高歌时恰逢明月当空，席地而坐时恰逢柔软草地，攀登高山时恰逢稀疏藤条，展卷读书时恰逢浮云静止，品茗斗茶时恰逢新雨过后，这样的相逢，胜过恰逢知己。

田舍儿强作馨语①，博得俗因；风月场插入伧夫，便成恶趣。诗瘦到门邻病鹤，清影颇嘉；书贫经座并寒蝉，雄风顿挫。梅花入夜影萧疏，顿令月瘦；柳絮当空晴恍忽，偏惹风狂。花阴流影，散为半院舞衣；水响飞音，听来一溪歌板。

〔注释〕

①田舍儿强作馨语：语出《世说新语·文学》："殷中军尝至刘尹所，清言良久。殷理小屈，游辞不已，刘亦不复答。殷去后，乃云：'田舍儿强学人作尔馨语。'"

〔译文〕

乡巴佬学别人说几句风雅的话，博得的只是一团俗气；风月场中进入粗野村夫，便成了一种恶趣味。由于苦吟而消瘦的诗人来到门前与病鹤相邻，清幽的影子颇为美好；贫困的书生经过座前，与寒风中的鸣蝉相映成趣，顿觉雄风受挫。梅花在寒夜中萧疏冷清，使月亮也更加消瘦；柳絮当空飘舞，晴朗的天空变得恍恍惚惚，偏惹来一阵狂风。流动的花阴树影，散落于半个庭院；流水潺潺流淌，听起来好像一溪的节拍声。

谢将缥缈无归处，断浦沉云；行到纷纭不系时，空山挂雨。浑如花醉，潦倒何妨；绝胜柳狂，风流自赏。

〔译文〕

辞别亲友，流落天涯不知归处，只看到送别之处水尽云沉；行到纷纭复杂，心中没有牵系的地方，如同雨滴静挂在空静的山中。浑然似醉卧花丛中，即使穷困潦倒又何妨？绝对胜过柳树颠狂，风流倜傥，孤芳自赏。

雨打梨花深闭门，怎生消遣；分付梅花自主张，着甚牢骚？对酒当歌，四座好风随月到；脱巾露顶，一楼新雨带云来。浣花溪内[①]，洗十年游子衣尘；修竹林中，定四海良朋交籍[②]。人语亦语，诋其昧于钳口[③]；人默亦默，訾其短于雌黄[④]。

〔注释〕

①浣花溪：今四川成都市西五里。
②交籍：交往的名册。
③钳口：沉默无言。
④訾(zǐ)：说人坏话。

〔译文〕

雨点敲打着梨花，大门紧闭，怎么消遣；任由梅花自开自落，还发什么牢骚？对酒当歌，清风伴随月光来到座位上；脱巾露顶，看楼外小雨淅沥带着云彩而来。浣花溪内，洗去游子衣上十年风尘；修竹林中，写定四海良朋益友的交游名册。别人说什么也跟着说什么，便会被诋毁口无遮拦；别人沉默也跟着沉默，又被讥讽为不善品鉴评论。

艳阳天气，是花皆堪酿酒[1]；绿阴深处，凡叶尽可题诗。

〔注释〕

①堪：可以，足以。

〔译文〕

艳阳天气，所有的花都可以酿酒；绿荫深处，凡是树叶都可题写诗句。

曲沼荇香侵月[1]，未许鱼窥；幽关松冷巢云，不劳鹤伴。

〔注释〕

①荇（xìng）：一种植物，叶略呈圆形，浮于水面。

〔译文〕

曲折的池沼中，荇菜香气浸染着月色，不许游鱼窥探；幽深的关塞中，冷寂的松林上方聚集着云霞，不劳仙鹤为伴。

篇诗斗酒，何殊太白之丹丘[1]；扣舷吹箫，好继东坡之赤壁[2]。获佳文易,获文友难;获文友易,获文姬难。

〔注释〕

①丹丘:指李白的好友元丹丘,唐代李白《将进酒》:"岑夫子,丹丘生,将进酒,杯莫停。"

②东坡之赤壁:指宋代苏轼所作《赤壁赋》。

〔译文〕

畅饮斗酒吟诗百篇,和李太白的朋友元丹丘有什么不同;叩打船舷吹奏洞箫,可以仿效苏东坡创作《赤壁赋》。获得好文章容易,得到文友很难;得到文友容易,获得一个有文采的红颜知己很难。

茶中着料[1],碗中着果,譬如玉貌加脂[2],蛾眉着黛,翻累本色。煎茶非漫浪[3],要须人品与茶相得,故其法往往传于高流隐逸,有烟霞泉石磊落胸次者。

〔注释〕

①着:放置。

②玉貌:美丽的容颜。

③漫浪:放纵而不受世俗约束。

〔译文〕

茶中放佐料,碗中放果品,就像美丽的脸庞上涂抹脂粉,修长的蛾眉上点上青黛色彩,反而减损了本色。煎茶并不是放纵的事情,要人品与茶品相适宜,所以烹茶的方法往往流传于高人隐士之间,那些有像烟霞泉石般磊落胸怀的人。

天然文锦,浪吹花港之鱼[①];自在笙簧[②],风戛园林之竹[③]。

〔注释〕

①花港:花港观鱼,西湖十景之一。

②笙簧:指笙吹出的声音。

③戛:轻轻地敲打。

〔译文〕

风吹西湖花港的游鱼,湖面泛起层层涟漪,好像天然的锦绣绸缎;风吹园中的竹林,声音像是自在的笙簧声。

高士流连,花木添清疏之致;幽人剥啄[①],莓苔生黯淡之光[②]。

〔注释〕

①剥啄:敲打声。

②莓苔:青苔。

〔译文〕

高雅之士流连花木之间,花木增添清疏的韵致;隐士的手杖敲打着路边的青苔,青苔更生发出黯淡的光景。

松涧边携杖独往，立处云生破衲[①]；竹窗下枕书高卧，觉时月浸寒毡。

〔注释〕

①破衲：破旧的僧衣。

〔译文〕

松树溪涧边，拄杖独自前往，不觉间站立处云彩从破旧的衲衣中生出；竹林旁小窗下，头枕经书安然睡觉，醒来时只觉月光浸透身下的寒毡。

散履闲行，野鸟忘机时作伴[①]；披襟兀坐，白云无语漫相留。客到茶烟起竹下，何嫌屐破苍苔[②]；诗成笔影弄花间，且喜歌飞《白雪》[③]。

〔注释〕

①忘机：忘记警惕之心。
②嫌：嫌弃。
③喜：欣喜。

〔译文〕

放开脚步闲逛，野鸟忘记警惕之心飞来身旁作伴；披着衣服独自端坐，白云无言，似乎在留下供人欣赏。客人到访，茶烟在竹下袅袅升起，木屐踏破了苍翠的青苔又何妨？吟就诗词，笔墨在花间舞弄，欢喜地歌唱着《白雪》雅曲。

月有意而入窗，云无心而出岫①。

〔注释〕

①云无心而出岫：语出晋代陶渊明《归去来兮辞》："云无心以出岫，鸟倦飞而知还。"

〔译文〕

月光有意地溜入窗户，云彩无心地从峰峦中生出。

屏绝外慕①，偃息长林，置理乱于不闻，托清闲而自佚②。松轩竹坞，酒瓮茶铛，山月溪云，农蓑渔罟③。

〔注释〕

①屏绝外慕：摒弃断绝对外面声名利禄的向往。

②自佚：自逸，自图安逸。

③罟(gǔ)：渔网。

〔译文〕

摒弃断绝对外面声名利禄的向往，隐居在山林里，世间的治乱兴衰置之不理，只托身于清闲安逸。享受着种植松竹的居所，酒瓮茶铛，山间明月，溪边云雾，农家蓑笠，渔家钓网。

怪石为实友，名琴为和友，好书为益友，奇画为观友，法帖为范友，良砚为砺友，宝镜为明友，净几为方友，古磁为虚友[①]，旧炉为熏友，纸帐为素友，拂麈为静友。

〔注释〕

①古磁：古瓷器。

〔译文〕

怪石是朴实的朋友，名琴是和洽的朋友，好书是有益的朋友，奇画是观赏的朋友，法帖是临摹的朋友，良砚是砥砺的朋友，宝镜是明亮的朋友，净几是方正的朋友，古瓷是清虚的朋友，旧炉是熏香的朋友，纸帐是素雅的朋友，拂麈是幽静的朋友。

扫径迎清风，登台邀明月。琴觞之余，间以歌咏，止许鸟语花香[①]，来吾几榻耳。

〔注释〕

①止：只。

〔译文〕

打扫小径迎来清风，登上高台邀请明月。弹琴饮酒之余，伴随着歌唱吟咏，只许鸟语花香来我的几案和床榻旁。

风波尘俗，不到意中[①]；云水淡情，常来想外[②]。

〔注释〕

①意中:意念之中。

②想外:思想之外。

〔译文〕

是非风波,尘俗之事,从来不放在心中;云霞山水,淡泊闲情,常意想不到地来临。

纸帐梅花[①],休惊他三春清梦;笔床茶灶,可了我半日浮生。酒浇清苦月,诗慰寂寥花。

〔注释〕

①纸帐梅花:即梅花纸帐,一种由多样物件组合、装饰而成的卧具。

〔译文〕

梅花纸帐里,休要惊扰他的三春清梦;笔架茶灶,可伴我度过这半日浮生。面对清苦的月色对酒浇愁,对着寂寥的花朵吟诗宽慰。

好梦乍回[①],沉心未烬[②],风雨如晦,竹响入床,此时兴复不浅。山非高峻不佳,不远城市不佳,不近林木不佳,无流泉不佳,无寺观不佳,无云雾不佳,无樵牧不佳。

〔注释〕

①乍回:刚刚清醒。

②烬：烧毁。

〔译文〕

好梦刚刚醒来，沉浸其中的心神还未完全清醒，风雨将至，竹林阵阵声响，传入床榻，令人兴致不浅。山不高大峻峭不好，不远离城市不好，不靠近林木不好，没有流淌的清泉不好，没有寺庙道观不好，没有云雾缭绕不好，没有放牧砍樵人不好。

一室十圭①，寒蛩声暗，折脚铛边，敲石无火。水月在轩，灯魂未灭②，揽衣独坐，如游皇古③。

〔注释〕

①一室十圭（guī）：形容房间极小。圭，古代的容量单位，《孙子算经》："量之所起，起于粟，六粟为一圭，十圭为一撮。"

②灯魂：灯花。

③皇古：荒古，远古。

〔译文〕

窄小的房屋中，寒秋时节蟋蟀的悲鸣发不出声音，折了脚的茶铛边，敲打着火石却打不出火来。水中明月映照在高亭上，烛光熄灭灯花还在，披着衣服独自端坐，像是神游上古世界。

意思虚闲①，世界清净，我身我心，了不可取。此一境界，名最第一。花枝送客蛙催鼓，竹籁喧林鸟报更，谓山史实录。

〔注释〕

①虚闲:清虚闲适。

〔译文〕

思想清虚闲适,世界也自然清净,我身心无所欲求,什么都不用索取。这一境界,可以说是最高境界。摇曳的花枝像在送客,蛙声鼓噪,风吹过竹林发出天籁之音,喧闹中鸟儿的鸣叫仿佛报更,真可谓山中岁月的真实记录。

松声、涧声、山禽声、夜虫声、鹤声、琴声、棋子落声、雨滴阶声、雪洒窗声、煎茶声,皆声之至清,而读书声为最。

〔译文〕

松间涛声、山涧水声、山禽鸣声、夜晚虫叫声、鹤唳声、琴声、棋子落盘声、雨滴台阶声、雪洒窗台声、煎茶声,都是极为清雅的声音,而读书声最为清幽。

晚登秀江亭①,澄波古木,使人得意于尘埃之外,益人闲景幽,两相奇绝耳。

〔注释〕

①秀江亭:位于今江西省新余县老城东南袁江(亦称秀江)之滨虎瞰山上,北宋时隐士吴仁建造的私人别墅。

〔译文〕

傍晚登上秀江亭，清波古木，使人在世俗尘埃之外得到清幽之趣，更显得人悠闲景幽雅，两相奇绝。

笔砚精良，人生一乐，徒设只觉村妆①；琴瑟在御，莫不静好②，才陈便得天趣③。

〔注释〕

①徒设：仅仅当作摆设。

②琴瑟在御，莫不静好：语出《诗·郑风·女曰鸡鸣》。

③才陈：刚一陈列。

〔译文〕

精良的笔砚，是人生的一大乐趣，仅仅当作摆设，只觉得像村妇浓妆艳抹一般；你弹琴我鼓瑟，和谐悠扬心情欢畅，刚一陈列便让人觉得得到了自然之趣。

蔡中郎传①，情思逶迤；北《西厢记》②，兴致流丽。学他描神写景，必先细味沉吟，如曰寄趣本头③，空博风流种子。

〔注释〕

①蔡中郎传：即元末南戏代表作《蔡伯喈琵琶记》，作者高明，温州人。蔡中郎，指东汉文学家蔡邕，字伯喈，官至左中郎将，世称蔡中郎。

②北《西厢记》：指元代王实甫杂剧《西厢记》。

③本头：文本。

〔译文〕

蔡中郎传，情思曲折婉转；北《西厢记》，兴致流畅华美。学习其描绘神情、风景的手法，必须先细细品味沉吟欣赏，如果仅仅寄托趣味于文本，只能空得一个风流种子的名声。

雨穿寒砌[1]，夜来滴破愁心；雪洒虚窗，晓去散开清影。

〔注释〕

①寒砌：寒冷的台阶。

〔译文〕

雨点滴落在寒冷的台阶上，夜里仿佛滴破了忧愁的心境；雪花洒落在虚掩的窗上，清晨时散落开一片清影。

春夜宜苦吟，宜焚香读书，宜与老僧说法，以销艳思[1]；夏夜宜闲谈，宜临水枯坐，宜听松声冷韵，以涤烦襟；秋夜宜豪游，宜访快士，宜谈兵说剑，以除萧瑟；冬夜宜茗战，宜酌酒说《三国》《水浒》《金瓶梅》诸集，宜箸竹肉[2]，以破孤岑。

〔注释〕

①销：消除。

②竹肉：竹菌。

〔译文〕

春夜适合苦吟，适合焚香读书，适合与老僧谈论佛法，来消除内心贪慕美艳的情思；夏夜适合闲谈，适合临水静坐，适合听松涛声和清冷的韵律，来洗涤内心的烦闷；秋夜适合纵情游玩，适合拜访爽快之士，适合谈论兵法、剑法，来消除萧瑟之感；冬夜适合斗茶，适合边饮酒边谈论《三国》《水浒》《金瓶梅》等书籍，适合用竹菌来佐饭，来打破孤独岑寂之感。

玉之在璞①，追琢则珪璋②；水之发源，疏浚则川沼。

〔注释〕

①璞：未经雕琢的玉石。

②珪璋：玉制的礼器。

〔译文〕

美玉在璞石之中，加以雕琢便成珪成璋；流水发自源头，加以疏浚便成江河湖海。

古之君子，行无友，则友松竹；居无友，则友云山。余无友，则友古之友松竹、友云山者。

〔译文〕

古代的君子，出行在外没有朋友，便以松竹为友；居住之所没有朋友，便以云山为友。我没有朋友，便以古代以松竹、云山为友的君子作为朋友。

买舟载书，作无名钓徒。每当草蓑月冷，铁笛霜清，觉张志和、陆天随去人未远①。

〔注释〕

①张志和：唐代著名诗人、词人，自称“烟波钓徒”。陆天随：唐代陆龟蒙，别号天随子，曾任湖州、苏州刺史幕僚，后隐居松江甫里。

〔译文〕

买一叶小舟来装载书籍，作一个无名的渔人。每当草木凋零、月光清冷的时候，铁笛声穿过清冷的霜夜，觉得张志和、陆龟蒙等这些隐士先贤并不遥远。

“今日鬓丝禅榻畔，茶烟轻扬落花风”①，此趣惟白香山得之②。清姿如卧云餐雪，天地尽愧其尘污；雅致如蕴玉含珠，日月转嫌其泄露。

〔注释〕

①“今日鬓丝禅榻畔”二句：出自唐代杜牧《题禅院》诗。

②白香山：指白居易，字乐天，号香山居士，唐代诗人。

〔译文〕

“今日鬓发苍苍坐在禅榻旁，风吹落花，茶烟袅袅升起”，这种乐趣只有白居易可以获得。清逸的风姿如同卧在浮云之上，以白雪为餐，天地都要因为沾染尘埃而惭愧；高雅韵致如同蕴藏美玉，含着珍珠，日月都嫌泄露了宇宙的精华。

茶取色臭俱佳①，行家偏嫌味苦；香须冲淡为雅，幽人最忌烟浓。

〔注释〕

①臭（xiù）：气味。

〔译文〕

茶叶要取色泽、气味都上等的，精于此道的行家却嫌味道苦涩；焚香需要清淡为雅，隐士最忌香烟太浓。

读书夜坐，钟声远闻，梵响相和①，从林端来，洒洒窗几上，化作天籁虚无矣。

〔注释〕

①梵响：念诵佛经的声音。

〔译文〕

读书到夜深人静时，远远听到钟声，与念诵佛经的声音相和，从树林另一端传来，众多声音传到窗户和几案，又化作天籁之音变得虚无。

扫石烹泉，舌底嘲嘲茶味[①]；开窗染翰[②]，眼前处处诗题。

〔注释〕

①嘲嘲（zhāo）：本指鸟鸣声。此处比喻甜嘴麻舌的声音。

②染翰：指作诗文、作画等。

〔译文〕

打扫石径，烹泉煮茶，舌底回味着甜嘴麻舌的茶香；打开窗户写诗作文，眼前景色处处都可作诗的题目。

权轻势去，何妨张雀罗于门前；位高金多，自当效蛇行于郊外[①]。盖炎凉世态，本是常情，故人所浩叹，惟宜付之冷笑耳。

〔注释〕

①蛇行于郊外：典出《史记·苏秦列传》：苏秦之前贫寒不得志，家人对其十分冷淡。受到重用之后，路过家中，"苏秦之昆弟妻嫂侧目不敢仰视，俯伏侍取食，苏秦笑谓其嫂曰：'何前倨而后恭也？'嫂委蛇蒲服，以面掩地而谢"。

〔译文〕

权势已去，何妨像翟公那样门前可张设网罗补雀；官位高，钱财多，自然应当像苏秦之嫂在郊外如蛇般伏地而行。世态炎凉，本来就是人之常情，所以人们长叹，只应当付之冷笑。

溪畔清风，沙汀印月，独往闲行，尝喜见渔家笑傲；松花酿酒，春水煎茶，甘心藏拙，不复问人世兴衰。

〔译文〕

小溪边清风徐来，沙洲上洒满月光，独自前去闲适散步，曾经看到渔家不拘小节，潇洒自在；用松花酿酒，春水煮茶，甘愿藏拙于山中，不再过问人世间的兴衰。

或夕阳篱落，或明月帘栊，或雨夜联榻，或竹下传觞，或青山当户，或白云可庭。于斯时也，把臂促膝①，相知几人，谑语雄谈，快心千古。

〔注释〕

①把臂：握持手臂，表示亲昵。

〔译文〕

有时夕阳的余晖洒落在篱笆上，有时明月照在帘栊处，有时雨夜连床卧谈，有时竹林下共饮美酒，有时青山对着门户，有时白云漂浮在庭院上空。在这时，同好友相握手臂，促膝长谈，欢笑嬉戏，高谈阔论，实在是快意千古的事情。

疏帘清簟[1]，销白昼惟有棋声；幽径柴门，印苍苔只容屐齿。

〔注释〕

①簟(diàn)：竹席。

〔译文〕

稀疏的竹帘，清凉的竹席，打发白日时间的只有棋子落盘声；幽深的小路，简陋的柴门，印在苍苔上的只有木屐齿痕。

云衲高僧[1]，泛水登山，或可借以点缀。如必莲座说法，则诗酒之间，自有禅趣，不敢学苦行头陀[2]，以作死灰[3]。

〔注释〕

①云衲：指行脚僧。

②苦行头陀：修苦行或行脚乞食的僧人。

③死灰：心境枯寂不动，《庄子·齐物论》："身固可以如槁木，而心固可以如死灰乎？"

〔译文〕

四处云游的高僧，泛舟水上，攀登高山，有时以名山大川作为佛法的点缀。如果一定要坐在莲座上说法，那么诗与酒之间，也有禅趣，不敢学那些苦行僧，简直像死灰一样。

遨游仙子，寒云几片束行妆[1]；高卧幽人，明月半床供枕簟。落落者难合[2]，一合便不可分；欣欣者易亲[3]，乍亲忽然成怨。故君子之处世也，宁风霜自挟[4]，无鱼鸟亲人。

〔注释〕

①束：装束。

②落落者：孤僻不合群的人。

③欣欣者：容貌亲和的人。

④自挟：自恃，自负。

〔译文〕

四方遨游的仙子，用几片寒云来装束行装；深山高卧着隐士，以铺满半床的月光为枕席。孤僻不合群的人难以结交，一旦结交了便不能分离；容貌亲和的人自然容易亲近，但往往刚结交便突然结怨。所以君子为人处世，宁可清高傲世，也不要像鱼鸟那样容易迎合别人。

海内殷勤，但读《停云》之赋[1]；目中寥廓，徒歌明月之诗[2]。

〔注释〕

①《停云》之赋：指晋代陶渊明《停云》诗，诗序称："停云，思亲友也。"

②明月之诗：指《诗·陈风·月出》。

〔译文〕

对海内亲友情深意重，只可读陶渊明的《停云》诗；眼中景色寂寥高远，只可吟咏《诗经》中《月出》那样的诗。

生平愿无恙者四[1]：一曰青山，一曰故人，一曰藏书，一曰名草。

〔注释〕

①无恙：没有灾害。

〔译文〕

平生希望有四样东西安然无恙：一是青山，二是故人，三是藏书，四是名草。

闻暖语如挟纩，闻冷语如饮冰[1]，闻重语如负山，闻危语如压卵，闻温语如佩玉，闻益语如赠金。

〔注释〕

①饮冰：形容十分惶恐焦灼。《庄子·人间世》："今吾朝受命而夕饮冰。"

〔译文〕

听到暖心的话如同披上了棉衣，听到冷峻的话如同喝下冰水，听到沉重的话如同背负泰山，听到危险的话如同压迫鸡蛋，听到温馨的话如同佩戴美玉，听到有益的话如同获赠黄金。

旦起理花，午窗剪叶，或截草作字[1]，夜卧谶罪[2]，令一日风流潇散之过，不致堕落。

〔注释〕

①截草：裁剪纸张。

②谶(chèn)罪：认识反省过去的错误和过错。

〔译文〕

早晨起来整理花草，中午在窗前修建枝叶，有时裁剪纸张写字，夜晚躺在床上忏悔反省，使一天风流潇洒的过失，不至于成为堕落的行为。

快欲之事，无如饥餐[1]；适情之时，莫过甘寝[2]。求多于清欲，即侈汰亦茫然也[3]。

〔注释〕

①无如：比不上。

②甘寝：睡得香甜。

③侈汰：奢侈无度。

〔译文〕

快意嗜欲的事，比不上饥饿之后饱餐一顿；顺应性情的时候，莫过于甜美地睡上一觉。贪求的事情过多，便奢侈无度，茫然自失。

客来花外茗烟低，共销白昼；酒到梁间歌雪绕，不负清尊。云随羽客，在琼台双阙之间①；鹤唳芝田，正桐阴灵虚之上②。

〔注释〕

①琼台双阙：语出晋代孙绰《游天台山赋》："双阙云耸以夹路，琼台中天而悬居。"琼台，山峰名，位于今浙江省天台县天台山西北。

②桐阴：凤凰止息处。灵虚：即太虚，道教谓神仙居处。

〔译文〕

客人来访，花丛外茶烟低升，共同消遣白日时光；酒气芳香醉人，歌声绕梁，不辜负美酒清樽。云彩跟随着隐士，在琼台双阙间遨游；仙鹤在芝田处鸣叫，正处在仙境之上。

卷 八

〔题解〕

本卷的“奇”，并非是奇怪、奇异之意，而是偏重于与众不同、超凡脱俗。这部分列有奇景、奇书、奇人与奇事，而奇人的形象是作者着重表现的。身处乱世，不随波逐流、与世俗同流合污，这种独立的高士形象，在世俗之人看来，确实是与众不同的“奇人”。

卷首语有言“我辈寂处窗下”，一个“寂”字，点出了“奇人”的孤独感。世人不理解的情况下，我辈只得观奇景，阅奇书，行奇事。以先贤为榜样，在经书之间寻找慰藉。虽然不甘心沉沦于安逸，但无力抵抗现实的挫败感，使奇人隐士们将心中所愿所想寄托在“奇”上。

奇

我辈寂处窗下，视一切人世，俱若蠛蠓婴丑①，不堪寓目。而有一奇文怪说，目数行下，便狂呼叫绝，令人喜，令人怒，更令人悲。低徊数过，床头短剑亦呜呜作龙虎吟，便觉人世一切不平，俱付烟水。集奇第八。

〔注释〕

①蠛蠓(mièměng):蠓虫。

〔译文〕

我辈孤寂地坐在窗下,看一切人间世事,全如吸食血肉的蠓虫和丑陋的婴儿,不堪入目。而有一段奇文怪说,一目数行而下,读完狂呼称绝,使人欢喜,使人恼怒,更使人悲伤。再低头吟读数遍,床头的短剑也发出呜呜声,如龙吟虎啸,顿时觉得人世间一切不平之事,都付诸云烟流水,一去不返。于是编纂第八卷"奇"。

吕圣公之不问朝士名①,张师高之不发窃器奴②,韩稚圭之不易持烛兵③,不独雅量过人,正是用世高手。

〔注释〕

①吕圣公:即吕蒙正,字圣功,洛阳(今属河南)人,北宋初年宰相。司马光《涑(sù)水记闻》记载,吕蒙正相公不喜记人过,最初任参知政事,在朝堂上曾被一朝士取笑,同僚要追查,吕蒙正道:"一知其姓名,则终身不能复忘,固不如无知也,不问之何损?"众人都佩服他的气量。

②张师高:即北宋张齐贤,字师亮,曹州(今山东曹县)人。明代郑瑄《昨非庵日纂》记载,张齐贤家宴时,一名仆人偷窃数件银器,张齐贤熟视不语。后为相,门下皆得为官,唯有窃器奴不沾禄。奴不解,跪泣问齐贤,齐贤道:"吾为相,宜激浊扬清,敢以盗荐?"奴震骇,拜泣而去。

③韩稚圭:即北宋韩琦,字稚圭,安阳(今属河南)人。《厚德录》记载,韩魏公帅定武时,夜里写信,一士兵在旁手持蜡烛,不小心烧到韩琦胡须,

韩琦挥袖，依旧写信。少顷，回看发现已经换人。韩琦担心士兵受罚，急呼："勿易之，渠方解持烛。"

〔译文〕

吕圣功不追问嘲笑自己朝士的名字，张师亮不揭发偷窃银器的奴仆，韩稚圭不换掉持烛的士兵，这些人不只是气量过人，更是用世的高手。

佞佛若可忏罪[①]，则刑官无权[②]；寻仙可以延年，则上帝无主。达士尽其在我[③]，至诚贵于自然[④]。

〔注释〕

①佞(nìng)佛：讨好于佛，后泛指迷信佛教。

②刑官：掌管刑律的官员。

③尽其在我：尽自己的力量做好应做之事。

④至诚：至诚之心。

〔译文〕

讨好佛如果可以忏悔罪过，那么掌管刑罚的官员便失去权力；寻仙问道如果可以延年益寿，那么上帝便不再是主宰。通达之士尽自己的力量做好应做之事，至诚之心贵在自然。

以货财害子孙，不必操戈入室[①]；以学校杀后世，有如按剑伏兵。

〔注释〕

①操戈：拿起武器。

〔译文〕

用钱货财产害子孙后代，不用别人拿起武器进入自己家室；用学校教育来扼杀后世，像按剑不动伏兵不出一样。

读诸葛武侯《出师表》，而不堕泪者，其人必不忠；读韩退之《祭十二郎文》，而不堕泪者，其人必不友[①]。

〔注释〕

①不友：不可成为朋友。

〔译文〕

读诸葛亮的《出师表》而不落泪的人，这个人一定没有忠诚之心；读韩愈《祭十二郎文》而不落泪的人，这个人一定不可成为朋友。

道上红尘，江中白浪，饶他南面百城[①]；花间明月，松下凉风，输我北窗一枕。

〔注释〕

①饶：尽管。南面百城：比喻尊贵富有，也比喻藏书很多。《魏书·李谧列传》：“丈夫拥书万卷，何假南面百城。”

〔译文〕

人间路上红尘滚滚,江中白浪翻腾,即使君临天下、坐拥百城又如何;花间明月高照,松树下凉风习习,都不如我在北窗下高卧安眠。

一段世情,全凭冷眼觑破[①];几番幽趣,半从热肠换来。

〔注释〕

①觑(qù)破:看破。

〔译文〕

一段世情百态,全凭借一双冷眼看破;几番幽雅情趣,多半从热心肠处换来。

群居闭口,独坐防心。

〔译文〕

群居时要懂得缄默,独自端坐时要提防胡思乱想。

当场傀儡[①],还我为之;大地众生,任渠笑骂[②]。

〔注释〕

①傀儡(kuǐlěi):受人操纵的人或组织。

②渠：他。

〔译文〕

逢场作戏的傀儡，还是自己尽力来做；世间的芸芸众生，任他嬉笑怒骂。

三徙成名[①]，笑范蠡碌碌浮生，纵扁舟忘却五湖风月；一朝解绶，羡渊明飘飘遗世，命巾车归来满架琴书[②]。

〔注释〕

①三徙成名：典出《史记·越王勾践世家》："范蠡三徙，成名于天下。"范蠡辅佐越王勾践灭吴国，因不能与勾践共安乐，离开越国到齐国，改名鸱夷子皮。后来到了陶，经商致富，号陶朱公。

②"一朝解绶"句：指陶渊明任彭泽令时，不愿为五斗米折腰，弃官而去。

〔译文〕

三次迁徙成名天下，可笑范蠡一生奔波劳碌，纵使乘一叶扁舟而去，也忘记欣赏五湖风月的景色；一朝挂印解职，羡慕陶渊明飘然忘世，吩咐轻车简从，归来满架是古琴和书籍。

棋能避世，睡能忘世。棋类耦耕之沮溺[①]，去一不可；睡同御风之列子[②]，独往独来。

〔注释〕

①耦(ǒu)耕:两人相配合从事耕作。沮溺:指长沮、桀溺。《论语·微子》:"长沮、桀溺耦而耕,孔子过之,使子路问津焉。"

②御风之列子:《庄子·逍遥游》:"列子御风而行,泠然善也,旬有五日而后反。"列子,即列御寇,战国人。

〔译文〕

下棋可以使人逃避俗世,睡觉能使人忘记俗世。下棋就像长沮、桀溺二人并耕一样,缺一不可;睡觉如同御风而行的列子,独来独往。

一勺水,便具四海水味,世法不必尽尝[1];千江月,总是一轮月光,心珠宜当独朗[2]。

〔注释〕

①世法:佛教语,谓世间生灭无常的事物。

②心珠:佛教语,指清净如明珠的心性。

〔译文〕

一勺之水,就具有五湖四海所有水的味道,所以世间生灭无常的事情不必一一体验;千江之月,总是同一轮月亮,所以人的心地应当纯洁如珠玉,光明普照。

愁非一种,春愁则天愁地愁;怨有千般,闺怨则人怨鬼怨。天懒云沉，雨昏花蹙，法界岂少愁云；石颓山瘦，水枯木落，大地觉多窘况。

〔译文〕

忧愁不止一种，如果是春愁，那么天愁地也愁；怨恨有千种，如果是闺怨，那么人怨恨鬼也怨恨。天色慵懒，云层低沉，阴雨昏暗，花朵蹙眉，宇宙间怎么会缺少忧愁的景象；岩石剥落，山峰瘦削，河水干枯，树木凋落，大地更多了一片窘迫的境况。

笋含禅味，喜坡仙玉版之参[①]；石结清盟，受米颠袍笏之辱[②]。文如临画，曾致诮于昔人；诗类书抄，竟沿流于今日。

〔注释〕

①“笋含禅味”二句：宋代释惠洪《冷斋夜话》记载，苏东坡与刘安世去拜访玉版和尚，至廉泉寺，烧笋而食。刘安世觉得笋味美，问：“此笋何名？”东坡答：“即玉版也。此老师善说法，要能令人得禅悦之味。”

②受米颠袍笏（hù）之辱：米颠，即宋代书法家米芾。《石林燕语》载，米芾见立石形状怪异，曰：“此足以当吾拜。”遂令左右取袍笏拜之。袍笏，锦袍象笏，指官员装束。

〔译文〕

竹笋包含禅味，很高兴苏东坡拜访玉版和尚时的戏言；石头可以结成清雅的同盟，平白遭受米芾锦袍象笏的羞辱。写文章如果像临摹画作，就会被古人耻笑；诗歌类似于抄书，竟然流传至今。

细绨递满而改头换面[①]，兹律既湮[②]；缥帙动盈而活剥生吞[③]，斯风亦坠。先读经，后可读史；非作文，未可作诗。

〔注释〕

①缃绨（xiāngtí）：浅黄色的丝绸书套。递满：堆满书架。

②律：真谛。湮：湮没。

③缥帙：淡青色帛做成的书衣。

〔译文〕

浅黄色的丝绸书套堆满书架，内容改头换面，其中的真谛也已经湮没；淡青色的书衣动辄盈尺，内容却生吞活剥，读书的风气已经堕落。先读经书，之后才可以读史书；不会作文章，便不可以作诗。

俗气入骨，即吞刀刮肠，饮灰洗胃[①]，觉俗态之益呈；正气效灵，即刀锯在前，鼎镬具后[②]，见英气之益露。

〔注释〕

①吞刀刮肠，饮灰洗胃：比喻改过自新。《南史·荀伯玉列传》："若许某自新，必吞刀刮肠，饮灰洗胃。"

②刀锯在前，鼎镬具后：《朱子语类》："古人刀锯在前，鼎镬在后，视之如无物者。"

〔译文〕

俗气深入骨髓，就算吞刀刮肠，饮灰洗胃，仍然觉得俗态更加显现；如果正气作用于心灵，即使刀锯在前，鼎镬在后，反而更见英勇之气流露。

相禅遐思唐虞[①]，战争大笑楚汉；梦中蕉鹿犹真，觉后莼鲈一幻。

〔注释〕

①相禅：彼此禅让。此处指唐尧、虞舜将帝位传让给贤能者。

〔译文〕

禅让之礼，让人遥想起唐尧、虞舜的时代；征伐争霸，令人笑谈楚汉战争。梦中芭蕉叶覆盖鹿的事情，像是真的；醒来时觉得思念莼菜羹与鲈鱼脍的心情不过是一场幻觉。

世界极于大千，不知大千之外更有何物；天宫极于非想[①]，不知非想之上毕竟何穷。

〔注释〕

①非想：佛教语，即非想天，天的最高处。

〔译文〕

世界穷极于大千世界，不知道大千世界之外还有何物；天宫极胜于非想之天，不知非想天外还有多少胜景。

作梦则天地亦不醒，何论文章；为客则洪濛无主人[①]，何有章句。

〔注释〕

①洪濛：天地形成前的混沌状态。

〔译文〕

做梦时天地都不清醒，何况文章；人作为世间的匆匆过客，天地开辟以来便没有主宰，哪里会有诗歌章句。

云气恍堆窗里岫，绝胜看山；泉声疑泻竹间樽，贤于对酒。杖底唯云，囊中唯月，不劳关市之讥[①]；石笥藏书[②]，池塘洗墨，岂供山泽之税。

〔注释〕

①关市之讥：指关市的稽查。关市，关下所设的交易场所。《孟子·梁惠王章句下》："昔者文王之治岐也，耕者九一，仕者世禄，关市讥而不征，泽梁无禁，罪人不孥。"

②石笥（sì）：石匣。

〔译文〕

云蒸霞蔚的景象，好像堆积在窗前的山峦，绝妙处胜过观赏山景；泉水叮咚作响，仿佛倾泻于竹林间的酒杯中，意境更胜过对酒当歌。手杖之下只有云雾,行囊之中只有月光,不劳关市的稽查;石匣中藏着书卷,池塘中清洗毛笔,哪里用得着缴纳山泽的赋税。

有此世界,必不可无此传奇;有此传奇,乃可维此世界[①]。则传奇所关非小[②],正可借口《西厢》一卷,以为风流谈资。

〔注释〕

①维:维系。

②关:关涉。

〔译文〕

有这样的世界,就不会缺少这样的传奇;有这样的传奇,才可以维系这个世界。所以传奇所关乎的事情非同小可,正好可以借这一部《西厢记》,作为风流谈资。

湖山之佳,无如清晓春时。当乘月至馆,景生残夜,水映岑楼,而翠黛临阶,吹流衣袂,莺声鸟韵,催起哄然。披衣步林中,则曙光薄户[①],明霞射几,轻风微散,海旭乍来[②],见沿堤春草霏霏[③],明媚如织,远岫朗润出沐,长江浩渺无涯,岚光晴气[④],舒展不一,大是奇绝。

〔注释〕

①薄:靠近。

②海旭：海上的旭日。

③霏霏：浓密盛多的样子。

④岚光：山间雾气经日光照射而发出的光彩。

〔译文〕

湖光山色的最佳景致，没有比春天的清晨更好的了。当乘着月色来到馆舍，残夜生出另一番景致，平静的水面倒映着山中小楼，淡青色的晨光照在台阶上，微风吹动衣襟，黄莺的叫声和着鸟鸣的韵律，催得梦中的人醒来。披着衣服步入林中，曙光照映在门上，明媚的朝霞照在案几上，微风散去，海上旭日初升，只见沿堤的春草浓密茂盛，春光明媚像织出的锦缎，远方山峦晴朗温润仿佛刚出浴一般，辽阔的江面一望无际，山间雾气在晴朗的晨光中舒展不定，这是多么奇妙绝伦的景色。

心无机事，案有好书，饱食晏眠①，时清体健，此是上界真人。读《春秋》，在人事上见天理；读《周易》，在天理上见人事。

〔注释〕

①晏眠：安眠。

〔译文〕

心中没有机巧的事，案桌常有好书，饱食终日，安然睡眠，心清体健，这便是上界的仙人。读《春秋》，在人情世故上体悟天理；读《周易》，在天理上窥见人情世故。

则何益矣[①],茗战有如酒兵[②];试妄言之[③],谈空不若说鬼。

〔注释〕

①益:益处。

②茗战:斗茶。酒兵:《南史·陈暄列传》:“故江谘议有言:‘酒犹兵也,兵可千日而不用,不可一日而不备;酒可千日而不饮,不可一饮而不醉。’”

③妄言:随便乱说。

〔译文〕

如果斗茶像斗酒一样,又有什么好处;终日空谈不如谈狐说鬼,姑妄言之。

烈士须一剑,则芙蓉赤精[①],不惜千金购之;士人惟寸管[②],映日干云之器[③],那得不重价相索。

〔注释〕

①芙蓉:即芙蓉剑,《越绝书·外传记宝剑》记载:越王勾践有宝剑名“纯钩”,相剑者薛烛“手振拂扬,其华捽如芙蓉”。赤精:赤山之铁所制成的剑,名为赤山精。

②寸管:指毛笔。

③映日干云:映着日光,高耸入云。

〔译文〕

有志之士必须有一把宝剑,即使像芙蓉、赤精那样的名剑,也不惜花费千金购买;文人雅士指点江山只需要一支毛笔,写出气势磅礴的文章的工具,哪能不去用重金相求。

委形无寄[①],但教鹿豕为群[②];壮志有怀,莫遣草木同朽。

〔注释〕

①委形:自然或人为所赋予的形体。《庄子·知北游》:"舜曰:'吾身非吾有也,孰有之哉?'曰:'是天地之委形也。'"

②鹿豕(shǐ)为群:与鹿、猪为伍。

〔译文〕

放浪形骸,无索无求,只求与鹿、猪为伍;胸怀壮志,超然物外,不要与草木一同腐朽。

议论先辈,毕竟没学问之人;奖惜后生[①],定然关世道之寄。贫富之交,可以情谅,鲍子所以让金[②];贵贱之间,易以势移,管宁所以割席[③]。

〔注释〕

①奖惜:奖掖爱惜。

②鲍子所以让金:用管鲍之交的典故。管仲家贫,有老母在堂,鲍叔牙常将二人经商所得,让管仲多得而不以为贪。

③管宁所以割席:典出《世说新语·德行》:"管宁、华歆共园中锄菜,见地有片金,管挥锄与瓦石不异,华捉而掷去之。又尝同席读书,有乘轩

冕过门者，宁读如故，歆废书出看，宁割席分坐曰：'子非吾友也。'"

〔译文〕

议论前人，毕竟是学问浅薄的人的行为；奖掖爱惜后生，定然承担着世道的寄托。贫富之间的交往，可以从感情上谅解，这是鲍叔牙让金于管仲的原因；贵贱之间的交情，容易随着地位不同而变化，这是管宁与华歆割席绝交的缘故。

论名节，则缓急之事小；较生死，则名节之论微。但知为饿夫以采南山之薇，不必为枯鱼以需西江之水[①]。

〔注释〕

①不必为枯鱼以需西江之水：《庄子·外物》记载：庄周遇到车辙中的鲋鱼向他求救，庄周答应引来西江之水迎之，鲋鱼愤怒道："吾得斗升之水然活耳，君乃言此，曾不如早索我于枯鱼之肆。"

〔译文〕

如果论到名声节操的问题，那么或急或缓的事情都变得不重要；如果同生死之事相比较，那么名声节操的问题就变得不重要。伯夷和叔齐为保名节而采摘南山之薇充饥，至死也没有丢失名节；车辙中的鲋鱼只需要斗升之水便可活命，不必引来西江之水。

儒有一亩之宫[①]，自不妨草茅下贱；士无三寸之舌[②]，何用此土木形骸[③]。

〔注释〕

①儒有一亩之宫：比喻寒士简陋的住所。《礼记·儒行》："儒有一亩之宫，环堵之室，筚门圭窬，蓬户瓮牖，易衣而出，并日而食。"

②三寸之舌：比喻能说会辩的口才。《史记·平原君虞卿列传》："毛先生以三寸之舌，强于百万之师。"

③土木形骸：形体像土木一样，比喻人的本来面目，不加修饰。

〔译文〕

儒生拥有一亩左右的房宅即可，自然不妨甘愿居住在茅舍中，处于贫贱境地；士人如果没有三寸不烂之舌，要这像土木一样的形骸又有什么用。

鹏为羽杰①，鲲称介豪②，翼遮半天，背负重霄。

〔注释〕

①鹏：与下文中"鲲"同出自《庄子·逍遥游》："北冥有鱼，其名为鲲，鲲之大，不知其几千里也；化而为鸟，其名为鹏，鹏之背，不知其几千里也。怒而飞，其翼若垂天之云。"

②介：指鳞介，泛指有鳞和介甲的水生动物。

〔译文〕

鹏是鸟中的豪杰，鲲称得上水里的英雄，其羽翼遮蔽半边天，其背承负九重云霄。

怜之一字，吾不乐受，盖有才而徒受人怜[1]，无用可知；傲之一字，吾不敢矜[2]，盖有才而徒以资傲，无用可知。

〔注释〕

①徒：仅仅。

②矜：自夸。

〔译文〕

“怜”这个字，我不乐意接受，因为有才华而徒然使人可怜，可知这人无用；“傲”这个字，我不敢自夸，因为有才华而徒然作为骄傲的资本，可知这人无用。

问近日讲章孰佳，坐一块蒲团自佳；问吾侪严师孰尊[1]，对一枝红烛自尊。

〔注释〕

①侪（chái）：同辈。

〔译文〕

有人问近日谁讲经最好，坐一块蒲团打坐自然最好。有人问我辈严师中谁地位最高，独自对着一枝红烛念经自然地位最高。

古之钓也，以圣贤为竿，道德为纶[1]，仁义为钩，利禄为饵，四海为池，万民为鱼。钓道微矣[2]，非圣人其孰能之。

〔注释〕

①纶：钓鱼用的丝线。

②微：深奥精微。

〔译文〕

古代所谓的钓道，以圣贤为钓竿，以道德为鱼线，以仁义为鱼钩，以利禄为鱼饵，以四海为池塘，将万民作为所钓的鱼。钓道精微深奥，不是圣贤，谁能来掌握运用呢？

既梢云于清汉[1]，亦倒影于华池[2]。

〔注释〕

①清汉：霄汉，天空。

②华池：景色优美的池沼。

〔译文〕

树梢既直指霄汉，树影又倒映在池塘中。

浮云回度，开月影而弯环；骤雨横飞，挟星精而摇动[1]。

〔注释〕

①星精：星宿的灵气。

〔译文〕

士兵骑马飞驰如浮云来回飘动一样，开弓像月影弯曲回环；万箭齐发如同骤雨横飞，箭头仿佛携带着星宿的灵气摇动。

天台嶫起①，绕之以赤霞②；削成孤峙，覆之以莲花。

〔注释〕

①天台：指天台山，位于今浙江省天台县北。嶫(jié)起：高耸。

②赤霞：即"赤城栖霞"，浙江天台山八景之一。赤城山在天台县城西北，山上赤石屏列如城，望之如霞，故称"赤城栖霞"，简称赤霞。

〔译文〕

天台山高耸挺拔，有赤城栖霞围绕；峭壁如刀削一般孤立，有莲花状山石覆盖其上。

金河别雁①，铜柱辞鸢②；关山夭骨③，霜露凋年④。

〔注释〕

①金河：即大黑河。

②铜柱辞鸢：指东汉马援征交阯，立下铜柱为界。《后汉书·马援列传》："当吾在浪泊、西里间，虏未灭之时，上潦下雾，毒气重蒸，仰视飞鸢跕跕堕水中，卧念少游平生时语，何可得也！"

③关山夭骨：埋葬在边塞的尸骨。

④凋年：晚年。

〔译文〕

苏武羁留匈奴,终于辞别金河的大雁南归;马援平定交阯,立铜柱辞飞鸢凯旋北上。万里关山,埋葬了多少戍边将士的尸骨;霜露侵凌,光阴飞逝,青春不再。

卷 九

〔题解〕

本卷在题目上与卷五“素”似乎是矛盾的,但仔细读来,才发现两卷在思想感情上是相通的。

正如卷首语中描绘的画面,华丽高楼上莺歌燕舞,香气扑鼻,令人心驰神往,而真正身处其间怀拥美女的人听到乐官演奏依旧涕泣。绮丽是表象,浮躁繁华的背后是难以排遣的愁苦烦闷。景色的“绮”与感情的“苦”形成强烈对比,在这种反差下,使人反省什么才是生活的本质。“素”和“绮”,从正反两个方面来提醒读者,不要沉溺于绮丽浮躁,而应从淡雅朴素中寻求生活的真谛。

绮

朱楼绿幕,笑语勾别座之香;越舞吴歌,巧舌吐莲花之艳。此身如在怨脸愁房、红妆翠袖之间,若远若近,为之黯然。嗟乎!又何怪乎身当其际者[①],拥玉床之翠而心迷,听伶人之奏而陨涕乎[②]?集绮第九。

〔注释〕

①其际：那个时候。

②陨涕：流泪。

〔译文〕

华丽的红楼中，翠绿的帷幕下，欢声笑语引来别座的香气；越地的舞蹈，吴地的歌曲，灵巧的口舌唱出动人的歌声。此情此景，仿佛置身于满脸愁怨的美女中间，若远若近，为之黯然神伤。唉！又怎能责怪那些真正身处其中的人们，在玉床上拥着美女心迷，听着乐人演奏又流泪呢？于是编纂了第九卷“绮”。

天台花好，阮郎却无计再来；巫峡云深，宋玉只有情空赋。瞻碧云之黯黯，觅神女其何踪；睹明月之娟娟，问嫦娥而不应。

〔译文〕

天台山上鲜花盛开，阮肇却无法再来；巫峡云雾苍茫，宋玉只是有情空赋《高唐》。遥望碧云黯淡，哪里去寻觅神女的踪迹；仰视明月皎洁，痴问嫦娥却得不到回应。

堂上鸣琴操[①]，久弹乎《孤凤》[②]；邑中制锦纹，重织于双鸾。

〔注释〕

①琴操:琴曲。

②《孤凤》:古琴曲名,又名《孤鸾》《离鸾》,西汉庆安世所作。《西京杂记》:“庆安世年十五,为成帝侍郎,善鼓琴,能为《双凤离鸾》之曲。”

〔译文〕

在厅堂之上演奏琴曲,久久地弹奏着《孤凤》曲;在家中织造锦纹,重重编织的是双鸾齐飞共鸣。

镜想分鸾,琴悲别鹤[①]。

〔注释〕

①别鹤:即《别鹤操》,古琴曲名。《琴操》:“《别鹤操》者,商陵牧子所作也。牧子娶妻五年,无子,父兄欲为改娶。妻闻之,中夜惊起,倚户悲啸。牧子闻之,援琴鼓之。”

〔译文〕

对镜想到分飞的鸾凤而生悲,弹奏《别鹤操》悲叹离散的夫妇。

春透水波明,寒峭花枝瘦。极目烟中百尺楼[①],人在楼中否?明月当楼,高眠如避,惜哉夜光暗投;芳树交窗,把玩无主[②],嗟矣红颜薄命。

〔注释〕

①极目：满目远望。

②无主：没有对象。

〔译文〕

春光明媚，波光粼粼，寒意料峭，花枝瘦弱。极目远望云雾中的百尺楼阁，思念的人儿是否在楼中？明亮的月光照着高楼，却躲在楼中睡眠，可惜这月光暗投；繁茂的树枝交织在窗前，却没有主人把玩欣赏，可叹这红颜薄命。

鸟语听其涩时，怜娇情之未啭[①]；蝉声已断处，愁孤节之渐消。

〔注释〕

①啭（zhuàn）：鸟婉转的叫声。

〔译文〕

鸟鸣要听它声音生涩之时，虽有柔情却还未婉转流畅，使人怜爱；蝉声要听它中断之处，孤高的节操逐渐消失，令人忧愁。

流苏帐底[①]，披之而夜月窥人；玉镜台前[②]，讽之而朝烟萦树。风流夸坠髻，时世闻啼眉[③]。

〔注释〕

①流苏帐：用五彩羽毛或丝线织成穗子的帷帐。

②玉镜台:梳妆台。唐代杨炯《梅花落》:“泣对铜钩障,愁看玉镜台。”

③啼眉:即啼眉妆。东汉时妇女以粉薄拭目下,有似啼痕,故名。

〔译文〕

卷起流苏帐,皎洁的夜月趁机偷窥人;吟讽于玉镜台前,朦胧的朝雾萦绕树间。夸耀坠马髻的风流潇洒,啼眉妆风行一时争奇斗艳。

新垒桃花红粉薄①,隔楼芳草雪衣凉②。

〔注释〕

①红粉:妇女化妆用的胭脂水粉,此处借指美女。

②雪衣:指白鹦鹉。《明皇杂录》载:唐天宝中,岭南献白鹦鹉,养在宫中,十分聪慧,玄宗及贵妃呼之雪衣女,左右呼之雪衣娘。

〔译文〕

新垒边的桃花娇艳,美女都相形见绌;隔楼芳草萋萋,鹦鹉也感到孤单凄凉。

濯足清流①,芹香飞涧②;浣花新水,蝶粉迷波。

〔注释〕

①濯足:洗去脚垢。

②芹:水芹,一种植物。

〔译文〕

在清澈的溪水中洗足,水芹的芬芳溢满山涧;在洁净的水中浣洗鲜花,蝶翅上的粉屑飘落在清波上。

昔人有花中十友:桂为仙友,莲为净友,梅为清友,菊为逸友,海棠名友,荼蘼韵友①,瑞香殊友,芝兰芳友,腊梅奇友,栀子禅友。昔人有禽中五客:鸥为闲客,鹤为仙客,鹭为雪客,孔雀南客,鹦鹉陇客②。会花鸟之情,真是天趣活泼。

〔注释〕

①荼蘼(túmí):一种植物,往往到春末夏初开花,当它开放时意味着花季结束,故称"开到荼蘼花事了"。

②陇客:祢衡《鹦鹉赋》:"惟西域之灵鸟兮。"《文选》李善注曰:"西域,谓陇坻,出此鸟也。"古代鹦鹉出于陇坻(今甘肃东部),故称陇客。

〔译文〕

古人有花中十友的说法:桂花为仙友,莲花为净友,梅花为清友,菊花为逸友,海棠为名友,荼蘼为韵友,瑞香为殊友,芝兰为芳友,腊梅为奇友,栀子为禅友。古人又有禽中五客的说法:鸥为闲客,鹤为仙客,鹭为雪客,孔雀为南客,鹦鹉为陇客。如此领会花鸟的性情,真可谓天然有趣活泼可爱。

木香盛开,把杯独坐其下,遥令青奴吹笛,止留一小奚侍酒，才少斟酌便退，立迎春架后。花看半开，酒饮微醉。

〔译文〕

木香花盛开，举杯独坐树下，让青衣侍女远远地吹笛，只留下一个小奴在旁边伺候，刚斟上酒便立刻退回迎春花架后面。赏花要看它含苞待放的状态，饮酒须到微醺的境界。

窗前俊石泠然①，可代高人把臂；槛外名花绰约，无烦美女分香。

〔注释〕

①泠（líng）然：寒凉貌，清凉貌。

〔译文〕

窗前俊拔的石头清凉可爱，可以代替高人们互握手臂；门外有名花风姿绰约，无须劳烦美女来相伴分香。

新调初裁①，歌儿持板待的②；阄题方启③，佳人捧砚濡毫。绝世风流，当场豪举。

〔注释〕

①初裁：曲调刚谱成。

②板：牙板，古人唱曲时打拍子的工具。的：指被人点唱。

③阄题：古代斗诗赛文的一种游戏，以抓阄的方法确定题目。

〔译文〕

新曲刚刚谱成，歌童手持牙板等待点唱；阄题刚刚开启，佳人便捧着砚台濡好笔墨伺候在旁。可谓绝世风流，当场豪举。

石鼓池边，小草无名可斗①；板桥柳外，飞花有阵堪题②。

〔注释〕

①斗：斗草，古代的一种游戏，竞采花草，比赛多寡优劣。

②飞花有阵：飞扬的花絮结成阵势。题：题咏。

〔译文〕

石鼓和水池旁边，小草虽然无名，也可以用来斗草；板桥旁柳树外，飞扬的花絮结成阵势，可以成为吟咏的诗题。

佳人病怯，不耐春寒；豪客多情，尤怜夜饮。李太白之宝花宜障①，光孟祖之狗窦堪呼②。

〔注释〕

①李太白之宝花宜障：《开元天宝遗事》记载：宁王有歌妓名宠姐，秘不示人。一次李白乘酒兴提出要见宠姐，宁王设七宝花障，让宠姐在障后歌唱一曲。

②光孟祖之狗窦堪呼：晋人光逸，字孟祖。《晋书·光逸列传》："（光逸）初至，属辅之与谢鲲、阮放、毕卓、羊曼、桓彝、阮孚散发裸裎，闭门酣饮

已累日。逸将排户入，守者不听，逸便于户外脱衣露头于狗洞中窥之而大叫。辅之答曰：‘他人决不能尔，必我孟祖也。’遽呼入，遂与饮，不舍昼夜。时人谓之八达。”

〔译文〕

美人病后虚弱，不能承受春天的寒意；豪侠之士多情，尤其喜爱夜间酣饮。所以李太白想见宠姐，宁王设七宝花障相隔；光孟祖在狗洞中窥友大叫，值得呼入一同痛饮。

欧公香饼[①]，吾其熟火无烟；颜氏隐囊[②]，我则斗花以布。

〔注释〕

①欧公香饼：北宋欧阳修《归田录》：“香饼，石炭也，用以焚香，一饼之火可终日不灭。”

②颜氏隐囊：北齐颜之推《颜氏家训》：“梁朝全盛之时，贵游子弟，……跟高齿屐，坐棋子方褥，凭斑丝隐囊，列器玩于左右。”隐囊，古时供人倚靠的软囊。

〔译文〕

欧阳修使用的是香饼石炭，我用的是无烟的火炭；颜之推用的是斑丝隐囊，我用的是碎花布拼凑制成的靠垫。

梅额生香，已堪饮爵；草堂飞雪，更可题诗。七种之羹[①]，呼起袁生之卧[②]；六花之饼[③]，敢迎王子之舟[④]。豪饮竟日，赋诗而散。佳人半醉，美女新妆。月下弹琴，石边侍酒。烹雪之茶，果然剩有寒香；争春之馆，自是堪来花叹。

〔注释〕

①七种之羹：即七宝羹，旧俗正月初七用七种蔬菜拌和米粉所制成的羹。

②袁生之卧：袁生，即东汉袁安。《后汉书·袁安列传》记载：洛阳大雪，许多人扫雪外出乞食，袁安家中无人打扫。洛阳令派人除雪入户看他是否冻死，结果袁安僵卧。问他为何不出门，袁安道："大雪人皆饿，不宜干人。"

③六花之饼：指六瓣的雪花。

④王子之舟：王子，即王子猷。《世说新语·任诞》记载，王子猷在大雪之夜忽然想念好友戴安道，连夜乘舟去拜访。走了一夜，到了门前却要返回。人们问其原因，王回答："吾本乘兴而行，兴尽而返。何必见戴！"

〔译文〕

额头描上梅花妆，足以为饮酒助兴；草堂外雪花飘飞，更可以作为吟诗的诗题。七宝羹，唤起僵卧的袁安；六瓣雪花，迎着王子猷的小船。终日痛饮，赋诗尽兴而散。佳人微醺，美女重新梳妆。月下弹琴，石边侍酒。用雪水煮茶，果然有寒冽的清香；百花齐放争春的馆舍，自然要为落花而叹息。

风开柳眼，露浥桃腮，黄鹂呼春，青鸟送雨[①]，海棠嫩紫，芍药嫣红，宜其春也。碧荷铸钱[②]，绿柳缫丝[③]，龙孙脱壳[4]，鸠妇唤晴[5]，雨骤黄梅，日蒸绿李，宜其夏也。槐阴未断，雁信初来，秋英无言，晓露欲结，蓐收避席[6]，青女办妆[7]，宜其秋也。桂子风高，芦花月老，溪毛碧瘦[8]，山骨苍寒[9]，千岩见梅，一雪欲腊，宜其冬也。

〔注释〕

①青鸟：传说中西王母的使者。

②碧荷铸钱：刚长出的荷叶，形小似钱。

③缫（sāo）丝：从蚕茧中抽出蚕丝。此处指柳条抽絮。

④龙孙：笋的别称。

⑤鸠妇：指雌鸠。传说中天将雨，雄鸠逐雌鸠出巢，晴则呼之归。

⑥蓐（rù）收：传说中的西方之神，掌管秋天。

⑦青女：传说中掌管雨雪的神女。

⑧溪毛：溪边的野草。

⑨山骨：山上的石头。

〔译文〕

春风吹开了柳眼，露水打湿了桃腮，黄鹂声声呼唤春天，青鸟送来细雨，海棠泛紫，芍药嫣红，这景色适合春天欣赏。碧绿的荷叶初生，像铸成的铜钱，绿柳抽出的柔枝像蚕茧中抽取的蚕丝，竹笋脱去外壳，雌鸠唤来晴天，雨骤梅熟，日晒李绿，这景色适合夏天欣赏。槐树的阴影仍浓密，大雁的传书刚来，秋天的落花无声凋零，清晨的露水开始凝结，司秋之神开始离位，掌管霜雪之神开始装扮出场，这景色适合秋天欣赏。桂树在寒风中摇曳，月光芦花渐白，溪边野菜碧绿纤瘦，山上岩石苍茫寒凉，千岩梅花绽放，一场雪花降落，腊月即将到来，这景色适合冬天欣赏。

风翻贝叶，绝胜北阙除书①；水滴莲花②，何似华清宫漏③。

〔注释〕

①北阙：古代宫殿北面的门楼，为臣子等候朝见或上书奏事之处。此处代指朝廷。除书：朝廷拜官授职的文书。

②莲花：指莲花漏，古代一种计时工具。

③华清：即华清宫，唐宫殿名，故址在今陕西临潼骊山。漏：古代的计时器。

〔译文〕

风翻动着佛经，绝对胜过朝廷拜官授职的文书；水滴在莲花漏中，多么像华清宫的滴漏声。

画屋曲房，拥炉列坐；鞭车行酒，分队征歌；一笑千金，樗蒲百万①；名妓持笺，玉儿捧砚；淋漓挥洒，水月流虹；我醉欲眠，鼠奔乌窜；罗襦轻解，鼻息如雷。此一境界，亦足赏心。

〔注释〕

①樗（chū）蒲：古代一种博戏，后世亦指赌博。

〔译文〕

在雕梁画栋、曲折幽深的房屋中，围着火炉排列而坐；转圈行酒令,分队比赛歌声;一笑可掷千金,一赌可博百万;名妓持纸,小童捧砚;淋漓尽致地挥洒笔墨,如同水上明月和天边彩虹;我酒醉欲睡,众人如鼠奔鸟窜般散去;轻解罗衫,鼾声如雷。这样一种境界,也足以让人赏心悦目。

柳花燕子,贴地欲飞;画扇练裙①,避人欲进。此春游第一风光也。

〔注释〕

①练裙:白绢下裳,此处代指所穿白绢裙的妇女。

〔译文〕

柳絮伴着燕子,贴着地面争相飞舞;拿着画扇、身着白色绢裙的佳人,既躲避行人又想要前行游玩。这是春游的第一等风光。

花颜缥缈,欺树里之春风①;银焰荧煌②,却城头之晓色。

〔注释〕

①欺:与下文“却”,都是胜过之意。

②荧煌:闪烁的样子。

〔译文〕

美人如花的容颜恍惚缥缈,胜过树间吹过的春风;银色的烟火明灭闪烁，遮住城头的晨曦之光。

笔阵生云[①]，词锋卷雾[②]。

〔注释〕

①笔阵生云：比喻书法笔画气韵生动。

②词锋：犀利的文笔或口才。

〔译文〕

书法高超，下笔如千里阵云；言辞犀利，卷起一阵雾霭。

楚江巫峡半云雨[①]，清簟疏帘看弈棋。

〔注释〕

①楚江：今长江。

〔译文〕

长江巫峡上，时而阴云密布，时而淅沥细雨；坐在清凉的竹席上，透过稀疏的帘子观人下棋。

梅花舒两岁之装[①]，柏叶泛三光之酒[②]。飘摇余雪，入箫管以成歌；皎洁轻冰，对蟾光而写镜[③]。

〔注释〕

①两岁：指新年和旧岁。梅花花期跨两个年度，故称。

②柏叶泛三光之酒:古人认为柏叶后凋,是因为集日、月、星三光之精,用之以浸酒,元日共饮,来祝寿和辟邪。

③蟾光:月光。

〔译文〕

梅花舒展着新年旧岁两年的装扮,柏叶浸酒,泛着日、星、月的精华。飞雪飘摇,飘入箫管化成歌曲;皎洁的薄冰,对着月光像是画出的明镜。

分果车中[①],毕竟借他人面孔;捉刀床侧[②],终须露自己心胸。雪滚花飞,缭绕歌楼,飘扑僧舍,点点共酒旆悠扬[③],阵阵追燕莺飞舞,沾泥逐水,岂特可入诗料[④]?要知色身幻影[⑤],是即风里杨花,浮生燕垒[⑥]。

〔注释〕

①分果车中:《世说新语》注引《语林》:"安仁至美,每行,老妪以果掷之,满车。张孟阳至丑,每行,小儿以瓦石投之,亦满车。"

②捉刀床侧:《世说新语·容止》记载:"魏武将见匈奴使,自以形陋,不足雄远国,使崔季珪代。帝自捉刀立床头。既毕,令间谍问曰:'魏王何如?'匈奴使答曰:'魏王雅望非常,然床头捉刀人,此乃英雄也。'"

③酒旆(pèi):酒旗。

④诗料:写诗的素材。

⑤色身:佛教语,指肉身。

⑥燕垒:燕子的窝,比喻脆弱的据点。

〔译文〕

潘岳乘车被掷满水果,毕竟是靠着别人的爱憎好恶;曹操捉刀站立在床头,终究还是表露出自己的心胸气度。柳絮像雪花翻滚,落花纷飞,缭绕于歌楼之外,飘飞扑打着僧舍,杨花点点和酒旗一同飘扬,阵阵追随莺燕飞舞。最终要沾泥逐水,这种情景仅仅适合当作写诗的素材吗?要知道肉身如同幻影,就好像这风中的杨花,浮生也如燕巢一般。

斗草春风[①],才子愁销书带翠[②];采菱秋水,佳人疑动镜花香。

〔注释〕

①斗草:即斗百草,古代一种游戏。

②书带:书带草,又称麦冬、麦门冬、沿阶草。叶丛生,线形,革质。相传郑玄门下用之束书,故名书带草。

〔译文〕

在春风中斗草嬉戏,才子们担忧消减了书带草的翠色;在秋水中采菱,佳人们怀疑是镜中的花儿移动飘香。

竹粉映琅玕之碧[①],胜新妆流媚,曾无掩面于花宫[②];花珠凝翡翠之盘,虽什袭非珍[③],可免探颔于龙藏[④]。

〔注释〕

①竹粉:笋壳脱落时附着在竹节旁的白色粉末。琅玕(lánggān):似玉的美石,此处指竹子。

②花宫:指佛寺。

③什袭:把物品层层叠叠地包裹起来,比喻珍藏。

④探颔于龙藏:《庄子·列御寇》:"夫千金之珠,必在九重之渊而骊龙颔下。子能得珠者,必遭其睡也。使骊龙而寤,子尚奚微之有哉?"

〔译文〕

在竹粉的映衬下,竹子显得更加青翠,比新妆扮好的女子还要轻柔妩媚,不曾逊色于佛界;花珠凝结在翡翠盘中,即使所珍藏的并非贵重物品,却可以免于龙宫探颔取珠。

无端泪下,三更山月老猿啼;蓦地娇来,一月泥香新燕语。燕子刚来,春光惹恨;雁臣甫聚①,秋思惨人。

〔注释〕

①甫聚:刚刚聚集。

〔译文〕

无缘无故地落泪,大概是因为听到三更天山月笼罩下猿猴的悲啼;忽然有娇声传来,原来是月色中新燕在巢里呢喃细语。燕子刚飞来,春光惹人注目;大雁刚聚集,秋意令人思绪凄惨。

韩嫣金弹[①]，误了饥寒人多少奔驰；潘岳果车，增了少年人多少颜色。

〔注释〕

①韩嫣金弹：韩嫣字王孙，西汉人。《西京杂记》载："韩嫣好弹，常以金为丸，所失者日有十余，长安为之语曰：'苦饥寒，逐金丸。'京师儿童每闻嫣出弹，辄随之，望丸之所落，辄拾焉。"

〔译文〕

韩嫣弹射金丸，耽误了长安多少饥寒子弟奔驰追随去拾取；潘岳的车被果掷满，增添了少年人多少风光。

微风醒酒[①]，好雨催诗[②]，生韵生情，怀颇不恶。

〔注释〕

①微风醒酒：出自唐代杜甫《陪郑广文游何将军山林十首》之九："醒酒微风入，听诗静夜分。"

②好雨催诗：出自唐代杜甫《陪诸贵公子丈八沟携妓纳凉，晚际遇雨二首》："片云头上黑，应是雨催诗。"

〔译文〕

微风可以使人醒酒，好雨可以催发诗思，从而生发出韵味和情趣，使人胸怀美好之感。

苎萝村里[①]，对娇歌艳舞之山；若耶溪边[②]，拂浓抹淡妆之水。春归何处，街头愁杀卖花；客落他乡，河畔生憎折柳。

〔注释〕

①苎萝村：今浙江诸暨南，相传为西施出生之地。

②若耶溪：又名五云溪，在若耶山下，相传为西施浣纱处。

〔译文〕

走进苎萝村，对面是西施曾经娇歌艳舞的若耶山；若耶溪边，拂动一下当年西施浓抹淡妆的水。春天归向了何处？愁杀了街头卖花人；客子流落他乡，最恨河畔折柳送别。

论到高华[①]，但说黄金能结客；看来薄命，非关红袖嫩撩人。

〔注释〕

①高华：高贵显要。

〔译文〕

谈到高贵显要，只说是黄金可以聚结宾客；都说红颜薄命，这和红袖飘飘、柔嫩胳膊、撩拨人心有何关系？

同气之求，惟刺平原于锦绣[①]；同声之应，徒铸子期以黄金[②]。

〔注释〕

①刺:刺像。平原:指战国平原君赵胜。

②子期:即锺子期。

〔译文〕

同气相求,只有把平原君的像刺在锦绣上;同声相应,即使用黄金铸成锺子期像也徒然。

胸中不平之气,说倩山禽[①];世上叵测之心,藏之烟柳。

〔注释〕

①倩:请。

〔译文〕

胸中不平之气,就请山中禽鸟来听我诉说;世间诡计莫测的机巧,藏在烟柳之间。

祛长夜之恶魔[①],女郎说剑;销千秋之热血,学士谈禅。

〔注释〕

①祛:祛除。

〔译文〕

为了祛除漫漫长夜中对恶魔的恐惧,女郎们谈枪说剑来壮胆;为了消解建功立业的千秋沸血,学士们礼佛谈禅。

论声之韵者,曰溪声、涧声、竹声、松声、山禽声、幽壑声、芭蕉雨声、落花声,皆天地之清籁,诗坛之鼓吹也①。然销魂之听,当以卖花声为第一。

〔注释〕

①鼓吹:指鼓吹声,乐曲声。

〔译文〕

要论富有韵味的声音,溪声、涧声、竹声、松声、山禽声、幽壑声、芭蕉雨声、落花声,都是天地之间的清响,诗坛上的鼓吹乐曲。然而销魂的声音,当以小巷间的卖花声为第一。

石上酒花,几片湿云凝夜色;松间人语,数声宿鸟动朝喧。"媚"字极韵,但出以清致,则窈窕俱见风神;附以妖娆,则做作毕露丑态。如芙蓉媚秋水,绿篆媚清涟①,方不着迹。

〔注释〕

①绿篆(xiǎo)媚清涟:出自南朝谢灵运《过始宁墅》:"白云抱幽石,绿

篆媚清涟。”篆，细竹。

〔译文〕

石上饮酒赏花，几片湿云仿佛凝住了夜色；松林间传来人语，惊起数声鸟鸣，搅动了清晨的喧闹。“媚”字极富有韵味，只要是以清丽雅致表现出来，就显得娴静美好，极具风骨；如果加上娇艳妖娆，就显得做作，丑态毕露。像秋水中妩媚的芙蓉，清涟中柔媚的细竹，便不着一丝俗迹。

武士无刀兵气，书生无寒酸气，女郎无脂粉气，山人无烟霞气，僧家无香火气。换出一番世界，便为世上不可少之人。

〔译文〕

武士没有刀兵气，书生没有寒酸气，女郎没有脂粉气，隐士没有烟霞气，僧家没有香火气。这样变换一种新的世界，便是世界上不可缺少之人。

情词之娴美，《西厢》以后[①]，无如《玉合》《紫钗》《牡丹亭》三传[②]，置之案头，可以挽文思之枯涩，收神情之懒散。

〔注释〕

①《西厢》：元代王实甫所撰《西厢记》，写张生与崔莺莺的爱情故事。

②《玉合》：明代梅鼎祚所撰《玉合记》，写韩翃与柳氏的离合故事。《紫钗》：明代汤显祖所撰《紫钗记》，写李益与霍小玉的爱情故事。《牡丹亭》：明代汤显祖所撰，写杜丽娘与柳梦梅的生死爱恋故事。

〔译文〕

情辞的娴静优美，《西厢记》之后，没有能比得上《玉合记》《紫钗记》《牡丹亭》三种传奇，放置在书桌上，可以挽救文思的枯竭，令懒散的神情收敛起来。

红颜未老，早随桃李嫁春风；黄卷将残[1]，莫向桑榆怜暮景。销魂之音，丝竹不如著肉[2]。然而风月山水间，别有清魂销于清响，即子晋之笙[3]，湘灵之瑟[4]，董双成之云璈[5]，犹属下乘。娇歌艳曲，不尽混乱耳根。

〔注释〕

①黄卷：指书籍。

②肉：指人的喉咙发出的歌声。《世说新语·识鉴》注引《孟嘉别传》："又问：'听伎丝不如竹，竹不如肉，何也？'答曰：'渐近自然。'"

③子晋之笙：即王子乔。《列仙传》："王子乔者，周灵王太子晋也。好吹笙，作凤凰鸣。"

④湘灵之瑟：湘灵，传说中的湘水之神，善鼓瑟。屈原《远游》："使湘灵鼓瑟兮，令海若舞冯夷。"

⑤董双成之云璈（áo）：董双成，传说中西王母的侍女。《汉武帝内传》："王母乃命侍女王子登弹八琅之璈，又命侍女董双成吹云和之笙。"璈，古乐器。

〔译文〕

趁着红颜还未衰老，及早像桃李嫁给春风一样嫁人；饱读诗书，便要及早踏入仕途，不要到晚年可怜暮景凄凉。若论令人销魂的音乐，丝竹管弦的声音不如人的歌声。然而大自然中的风花雪月和山水泉石间，也别有令人销魂于自然的天籁之音，即使像王子乔的吹笙，湘神的鼓瑟，董双成的云璈，都属于下乘。至于那些娇歌艳曲，更不应混乱人们的耳根。

风惊蟋蟀①，闻织妇之鸣机；月满蟾蜍②，见天河之弄杼③。

〔注释〕

①蟋蟀：别名促织。
②蟾蜍：传说月宫有蟾蜍，因而借指月亮、月光。
③弄杼：摇动织布机，表示在织布。

〔译文〕

风声惊起蟋蟀鸣叫，依稀听到织妇织布机的声音；月光洒满天穹，仿佛看见天河中织女在摇动机杼。

客斋使令①，翔七宝妆②，理茶具，响松风于蟹眼，浮雪花于兔毫③。

〔注释〕

①使令：侍者。

②七宝妆:饰多种珠宝的妆式。

③“响松风于蟹眼”二句:出自苏轼《老饕赋》。响松风于蟹眼,烹茶有三沸之法,第一沸即如松风响起,水面浮起如蟹眼似的小气泡。苏轼《试院煎茶》:“蟹眼已过鱼眼生,嗖嗖欲作松风鸣。”兔毫,即兔毫盏,又称建盏。宋代建安出产的一种黑釉瓷茶盏,因纹理细密状如兔毫,故称。此盏专供宫廷斗茶、品茗之用。

〔译文〕

客斋中使唤的侍者,梳洗好七宝妆,清理好茶具,烹茶时待水面如松风响起,浮起如蟹眼一般的小气泡,便开始分茶品饮,兔毫盏中顿时浮起雪花般的水沫。

纷黄庭之霍靡[①],隐重廊之窈窕;青陆至而莺啼[②],朱阳升而花笑。

〔注释〕

①霍(huò)靡:随风疾速飞落、飘洒的样子。晋代潘岳《西征赋》:“雍人缕切,鸾刀若飞,应刃落俎,霍霍靡靡。”

②青陆:指春天。

〔译文〕

黄庭之上,草木纷繁,随风披散,浓雾遮隐着曲折的重重走廊;春天到来,黄莺啼鸣,太阳升起,花儿含笑。

卷 十

〔题解〕

“豪”一卷,感情表露鲜明,读起来豪情万丈。英雄豪杰与墨守成规、守株待兔之辈有云泥之别。《孟子·滕文公下》曾言:“富贵不能淫,贫贱不能移,威武不能屈,此之谓大丈夫。”

一掷千金、泼墨千言,是豪行壮举,更重要的是坚守君子高洁的品格,内心真正做到洒脱不羁,无欲无求。“上马横槊,下马作赋,自是英雄本色;熟读《离骚》,痛饮浊酒,果然名士风流”,随性而为,不受缚于世俗之见;不单凭借意气取胜,同时也靠绝妙的智谋出奇制胜。这便是作者心中的大丈夫。

豪

今世矩视尺步之辈[1],与夫守株待兔之流,是不束缚而阱者也[2]。宇宙寥寥,求一豪者,安得哉?家徒四壁,一掷千金[3],豪之胆;兴酣落笔,泼墨千言,豪之才;我才必用,黄金复来[4],豪之认。夫豪既不可得,而后世倜傥之士,或以一言一字写其不平,又安与沉沉故纸同为销没乎?集豪第十。

〔注释〕

①矩视尺步:形容墨守成规,不知变通。

②阱:陷阱。

③家徒四壁,一掷千金:语出唐代吴象之《少年行》:“一掷千金浑是胆,家无四壁不知贫。”

④我才必用,黄金复来:语出唐代李白《将进酒》:“天生我材必有用,千金散尽还复来。”

〔译文〕

当今那些墨守成规之辈,与守株待兔之流,是不用束缚便落入陷阱的人。宇宙浩瀚,要想寻求一位豪放之人,哪里能够得到呢?家徒四壁,一掷千金,这是豪放之人的胆识;兴酣落笔,泼墨千言,这是豪放之人的才能;我才必用,黄金复来,这是豪放之人的识见。豪放之士既然不可求得,那么后世的风流倜傥之辈,有的用一言一字来书写心中不平,又怎么能让他们与沉沉故纸一同销毁淹没?于是编撰第十卷“豪”。

桃花马上春衫①,少年侠气;贝叶斋中夜衲②,老去禅心。

〔注释〕

①桃花马:名马,毛色中有红点。春衫:少年穿的衣服。

②贝叶斋:指佛寺。衲:僧人。

〔译文〕

桃花马上春衫飘逸，这是少年的侠气；佛寺中深夜诵读经书，独存老年清静淡泊的心境。

岳色江声，富煞胸中丘壑；松阴花影，争残局上山河[①]。

〔注释〕

①山河：指棋局中的楚河汉界。

〔译文〕

山色苍茫，江水滔滔，使人内心无比开阔；松荫清凉，花影斑驳，在残局之上争夺山河。

骥虽伏枥，足能千里[①]；鹄即垂翅，志在九霄。

〔注释〕

①“骥虽伏枥”二句：语出东汉曹操《步出夏门行·龟虽寿》：“老骥伏枥，志在千里。”

〔译文〕

老马虽然伏于槽下，但还是能跑千里之远；鸿鹄即使垂下翅膀，志向也在九霄之外。

慷慨之气，龙泉知我[1]；忧煎之思，毛颖解人[2]。

〔注释〕

①龙泉：指名剑龙泉剑。

②毛颖：毛笔。

〔译文〕

慷慨激昂的豪气，只有龙泉宝剑知晓我；忧愁煎熬的思绪，只有毛笔善作解人。

绿酒但倾[1]，何妨易醉；黄金既散，何论复来。

〔注释〕

①绿酒：新酒呈绿色，故称绿酒。

〔译文〕

美酒尽管一饮而尽，醉倒又何妨；黄金既然散去，哪管它能否再来。

诗酒兴将残，剩却楼头几明月；登临情不已，平分江上半青山。

〔译文〕

诗兴酒兴将尽，只剩楼头的几许明月；登山临水情思不止，想要平分江上青山。

闲行消白日，悬李贺呕字之囊；搔首问青天，携谢朓惊人之句[①]。

〔注释〕

①“搔首问青天”二句：见《云仙杂记》卷一：“李白登华山落雁峰，曰：‘此山最高，呼吸之气通天帝座矣。恨不携谢朓惊人诗来，搔首问青天耳！’”

〔译文〕

悠闲出行消磨时日，随身悬挂着李贺呕心苦吟的诗囊；登到山顶搔首问青天，带来谢朓惊人的诗句。

假英雄专吷不鸣之剑[①]，若尔锋芒[②]，遇真人而落胆；穷豪杰惯作无米之炊，此等作用，当大计而扬眉。

〔注释〕

①吷（xuè）：小声。

②若尔：如此，如果这样。

〔译文〕

假英雄专爱小声轻嘘不鸣的剑，像这样所谓的锋芒，遇到真英雄便丧胆落魄；穷豪杰习惯作无米之炊，这种行为，如果担当大任就会扬眉吐气。

深居远俗，尚愁移山有文[1]；纵饮达旦，犹笑醉乡无记[2]。

〔注释〕

①移山有文：指南朝孔稚圭所撰《北山移文》。孔稚圭与周颙同隐钟山，后来周颙应诏出仕，再过钟山，孔撰此文，假托山神，讥讽其热衷名利，并非真隐。

②醉乡无记：唐代王绩所撰《醉乡记》，虚拟醉乡，而为之记。

〔译文〕

远离尘俗，隐居深山，尚且担心有人写《北山移文》讽刺；通宵达旦纵情豪饮，犹自嘲笑醉乡无人作记。

风会日靡，试具宋广平之石肠[1]；世道莫容，请收姜伯约之大胆[2]。

〔注释〕

①宋广平之石肠：宋广平，即唐玄宗时名相宋璟，字广平。皮日休《〈桃花赋〉序》："余尝慕宋广平之为相，贞姿劲质，刚态毅状，疑其铁石心肠，不能吐婉媚辞。"

②姜伯约之大胆：三国蜀将姜维，字伯约，史载其"死时见剖，胆如斗大"。

〔译文〕

风气日益萎靡，要尝试具有宋璟那样的铁石心肠；世道不能宽容，请收起姜维那样的斗大之胆。

藜床半穿，管宁真吾师乎[1]；轩冕必顾，华歆洵非吾友也。

〔注释〕

①“藜床半穿”二句：《高士传》：“（管宁）常坐一木榻上，积五十五年，未尝箕踞，榻上当膝皆穿。”

〔译文〕

藜床的半边已经坐穿，管宁真是我辈的良师；高官乘轩冕过门，一定废书出看，华歆的确不是我的朋友。

车尘马足之下[1]，露出丑形；深山穷谷之中，剩些真影。

〔注释〕

①车尘马足：比喻车马奔波。

〔译文〕

车马奔波之下，不免要丑态毕露；深山穷谷之中，还能剩下一些真诚的身影。

吐虹霓之气者[1]，贵挟风霜之色；依日月之光者，毋怀雨露之私。

〔注释〕

①虹霓:雨后天空出现的七色彩虹。

〔译文〕

有着吞吐虹霓般气势的英雄,贵在挟有高洁忠贞的气色;依傍日月之光而生存的人,不要怀有独自承接雨露恩泽的私心。

清襟凝远①,卷秋江万顷之波;妙笔纵横,挽昆仑一峰之秀。

〔注释〕

①清襟:洁净的衣襟,引申为高洁的胸怀。

〔译文〕

高洁的胸怀凝重深远,卷起秋江万顷波涛;生花的妙笔纵横豪健,可以挽起昆仑一峰的秀色。

闻鸡起舞①,刘琨其壮士之雄心乎②;闻筝起舞③,迦叶其开士之素心乎④。

〔注释〕

①闻鸡起舞:《晋书·祖逖列传》:"与司空刘琨俱为司州主簿,情好绸缪,共被同寝。中夜闻荒鸡鸣,蹴琨曰:'此非夜声也。'因起舞。"

②刘琨:字越石,西晋政治家、文学家。

③闻筝起舞：佛教歌舞之神能妙音鼓琴，迦叶闻之，不堪于坐，起而舞。

④迦叶：摩诃迦叶波，释加牟尼弟子。开士：菩萨的别称。

〔译文〕

祖逖闻鸡起舞，表现出壮士的雄心壮志；迦叶闻筝起舞，体现了菩萨的纯洁心地。

读书倦时须看剑，英发之气不磨；作文苦际可歌诗，郁结之怀随畅。

〔译文〕

读书疲倦时需要看剑，这样勃发的英气才不会消磨；作文灵感枯竭时可以吟咏诗歌，这样郁结的情怀便随之舒畅。

王门之杂吹非竽①，梦连魏阙②；郢路之飞声无调③，羞向楚囚④。肝胆煦若春风，虽囊乏一文，还怜茕独⑤；气骨清如秋水，纵家徒四壁，终傲王公。

〔注释〕

①杂吹非竽：《韩非子》："齐宣王使人吹竽，必三百人，南郭处士请为王吹竽，宣王说之，廪食以数百人。宣王死，湣王立，好一一听之，处士逃。"

②魏阙：古代宫门外两旁高耸的楼观。借指朝廷。

③郢(yǐng)路之飞声无调：战国宋玉《对楚王问》："客有歌于郢中者，

其始曰《下里巴人》,国中属而和者数千人。"

④楚囚:《左传·成公九年》:"晋侯观于军府,见锺仪问之曰:'南冠而絷者,谁也?'有司对曰:'郑人所献楚囚也。'"

⑤茕(qióng)独:孤独无靠的人。

〔译文〕

南郭先生在齐宣王宫中滥竽充数,最终逃之夭夭,是梦连朝堂所致;楚国郢都人人善歌,如果路上的飞歌不合声律,那么面对囚徒也要羞愧。如果内心如春风一样煦暖,即使囊中无一文钱,也会怜悯鳏寡孤独;气节风骨如同秋水一般清澈,纵使家徒四壁,终究可以傲视王公贵族。

献策金门苦未收①,归心日夜水东流。扁舟载得愁千斛,闻说君王不税愁②。

〔注释〕

①献策金门:向朝廷进言献计。金门,指金马门,汉代宫门名,学士待诏处。

②"扁舟载得愁千斛"二句:出自明代冯梦龙《古今谭概》:长洲孝廉陆世明参加科考未中,回乡途经临清,关吏误以为他是商人,令其缴税。他写诗道:"扁舟载得愁千斛,闻说君王不税愁。"关吏阅后不仅好好招待他,临走时还有不少馈赠。

〔译文〕

献计给朝廷,无奈未被采纳,归心如同日夜东流的江水。一叶扁舟载得千斛愁绪，听说君王不对忧愁征税。

龙津一剑[①]，尚作合于风雷；胸中数万甲兵[②]，宁终老于牖下。此中空洞原无物，何止容卿数百人[③]。

〔注释〕

①龙津一剑：《晋书·张华列传》记载：张华、雷焕得到龙泉、太阿宝剑，后来张华被诛，失宝剑。雷焕死后，其子持其剑，过平津，剑忽堕水中，使人入水取之，但见两龙长数丈，光彩照水，波涛惊腾。

②胸中数万甲兵：比喻胸中富有韬略。《魏书·崔浩列传》："世祖指浩以示之，曰：'汝曹视此人，尫纤懦弱，手不能弯弓持矛，其胸中所怀乃踰于甲兵。'"

③"此中空洞原无物"二句：语出《世说新语·排调》："王丞相枕周伯仁膝，指其腹曰：'卿此中何所有？'答曰：'此中空洞无物，然容卿辈数百人。'"

〔译文〕

一把龙津宝剑，可以在风雷中相遇合并；胸中有数万甲兵，难道能终老于草窗之下？胸中原本空洞无物，何止能容纳你数百人？

英雄未转之雄图，假糟丘为霸业[①]；风流不尽之余韵，托花谷为深山。

〔注释〕

①糟丘：酒糟堆积成山，比喻沉湎于酒。

〔译文〕

英雄的雄图伟略没有实现，竟然假借酒乡为霸业；风流才子韵致不尽，流连于声色花谷中。

满腹有文难骂鬼，措身无地反忧天。

〔译文〕

满腹才华却不能斥责当道的恶人，无地容身反而心怀天下。

大丈夫居世，生当封侯，死当庙食[1]。不然，闲居可以养志，诗书足以自娱。

〔注释〕

①庙食：指人死后立庙，受人奉祀，享受祭飨。

〔译文〕

大丈夫立身于世，生时应当拜相封侯，死后应当立庙奉祀。做不到这样，闲居可以养志，读诗书足以自娱自乐。

不恨我不见古人[1]，惟恨古人不见我。

〔注释〕

①恨：遗憾。

〔译文〕

不遗憾我不能见到古人，只遗憾古人不能见到我。

荣枯得丧，天意安排，浮云过太虚也[①]；用舍行藏[②]，吾心镇定，砥柱在中流乎。

〔注释〕

①太虚：此处指天、天空。

②用舍行藏：《论语·述而》："用之则行，舍之则藏，唯我与尔有是夫。"

〔译文〕

人世的盛衰荣辱，都是天意的安排，仿佛浮云飘过天空；为世所用或不用，我的内心都镇定依旧，好像中流的砥柱那样坚定。

曹曾积石为仓以藏书[①]，名曹氏石仓。

〔注释〕

①曹曾：字伯山，东汉藏书家。

〔译文〕

曹曾积聚石头为仓库，用来藏书，称为曹氏石仓。

丈夫须有远图，眼孔如轮，可怪处堂燕雀[①]；豪杰宁无壮志,风棱似铁[2],不忧当道豺狼[3]。

〔注释〕

①处堂燕雀:比喻处于危境而不自知。《孔丛子 · 论势》:“燕雀处屋,子母相哺,煦煦焉其相乐也,自以为安矣。灶突炎上,栋宇将焚,燕雀颜色不变,不知祸之将及己也。”

②风棱:指风骨。

③当道豺狼:比喻坏人当权得势。《汉书 · 孙宝传》:“豺狼横道,不宜复问狐狸。”

〔译文〕

大丈夫必须有深远的谋划,眼孔如车轮一般,对燕雀处于危境而不自知感到奇怪;英雄豪杰怎能没有雄心壮志,风骨似铁一样坚强,不担忧豺狼当道。

云长香火[1],千载遍于华夷;坡老姓字[2],至今口于妇孺。意气精神,不可磨灭。

〔注释〕

①云长:指关羽,字云长,三国时期蜀汉名将。

②坡老:即苏轼,号东坡居士,宋代大文学家。

〔译文〕

关公的香火,千年来遍布华夷;苏东坡的姓名,至今仍在妇孺之间口耳相传。可见意气与精神,是不可磨灭的。

据床嗒尔[1]，听豪士之谈锋；把盏惺然[2]，看酒人之醉态。

〔注释〕

①嗒(tà)尔：聚精会神的样子。

②惺然：清醒的样子。

〔译文〕

坐在榻上聚精会神，听豪士高谈阔论；端着酒杯依然清醒，看喝酒人的不同醉态。

登高眺远，吊古寻幽[1]，广胸中之丘壑，游物外之文章[2]。

〔注释〕

①吊：凭吊。

②物外：世外。

〔译文〕

登高望远，凭吊古迹，寻找幽处；增广胸中的丘壑胜状，游览世外脱俗的文章。

胡宗宪读《汉书》[1]，至终军请缨事[2]，乃起拍案曰："男儿双脚当从此处插入，其他皆狼藉耳。"

〔注释〕

①胡宗宪:字汝贞,号梅林,明朝徽州绩溪(今属安徽)人。平倭有功,官至太子太保。

②终军请缨:终军字子云,西汉济州人,武帝时官谏议大夫。南越王反,终军请缨曰:“愿受长缨,必羁南越王而致阙下。”既至,南越王举国内属。

〔译文〕

胡宗宪读《汉书》,读到终军请缨之事时,拍案而起说:“好男儿双脚应当从这里插入,其他都是胡扯的事情。”

宋海翁才高嗜酒[①],睥睨当世[②]。忽乘醉泛舟海上,仰天大笑曰:“吾七尺之躯,岂世间凡土所能贮,合以大海葬之耳!”遂按波而入。

〔注释〕

①宋海翁:即明代画家宋登春,字应元,号海翁、鹅池生,新河(今属河北)人。性格多奇,里中呼为狂生。后游钱塘,跳入江而死。

②睥睨(pìnì):斜视,表示傲视或厌恶。

〔译文〕

宋海翁才华横溢,嗜酒如命,傲视当世。有一天忽然趁着酒意泛舟海上,仰天大笑说:“我七尺之躯,岂是世间平凡的土地所能贮存下的,应当让大海来埋葬我!”于是纵身跳入汹涌的波涛中。

志欲枭逆虏，枕戈待旦，常恐祖生[①]，先我着鞭。

〔注释〕

①祖生：指祖逖，晋代范阳人。晋室南迁，祖逖率部曲百余家渡江，中流击楫而誓曰："祖逖不能清中原而复济者，有如大江。"后收复黄河以南。

〔译文〕

立志要将叛逆斩首，枕着戈矛睡觉等待天亮，常常担心祖逖在我之前着手进行。

旨言不显[①]，经济多托之工瞽刍荛[②]；高踪不落[③]，英雄常混之鱼樵耕牧。

〔注释〕

①旨言：切中要旨的言论。

②工瞽(gǔ)刍荛(ráo)：指普通百姓。工瞽，盲乐人。刍，割草。荛，打柴。

③高踪：高尚的行迹。

〔译文〕

切中要旨的言论不显明，经世济民的方略多托身于乐工柴夫；高逸的行踪不落俗套，英雄常混迹于渔樵耕牧。

管城子无食肉相[①]，世人皮相何为；孔方兄有绝交书[②]，今日盟交安在？

〔注释〕

①管城子：指毛笔，此处代指文人。食肉相：荣华富贵的面相。

②孔方兄：铜钱的谑称。

〔译文〕

文人没有富贵的面相，世人为什么总是目光短浅；金钱有绝交的文章，今日的盟交又在哪里？

悬榻待贤士[①]，岂曰交情已乎；投辖留好宾[②]，不过酒兴而已。才以气雄，品由心定。

〔注释〕

①悬榻待贤士：《后汉书·徐稚列传》："（陈）蕃在郡不接宾客，唯稚来，特设一榻，去则悬之。"后以"悬榻"喻礼待贤士。

②投辖留好宾：《汉书·陈遵传》："遵嗜酒，每大饮，宾客满堂，辄关门，取客车辖投井中，虽有急，终不得去。"后以投辖指殷勤待客。辖，车轴两端的键。

〔译文〕

悬起坐榻等待贤士到来，难道说仅仅是为了交情？将宾客车辖投入井中，留住好宾，不过是饮酒的兴致罢了。才华因为气骨而雄健，人品由内心而决定。

山厨失斧，断之以剑；客至无枕，解琴自供；盥盆溃散[①]，磬为注洗；盖不暖足，覆之以蓑。

〔注释〕

①盥(guàn)盆：洗漱的盆子。

〔译文〕

山居时厨房没了斧头，就用剑来劈柴；客人来了没有枕头，就解下琴囊供其安睡；洗漱的盆子坏掉，就用石磬注水洗漱；所盖的被子不能暖脚，就将蓑衣盖上。

孟宗少游学[①]，其母制十二幅被，以招贤士共卧，庶得闻君子之言[②]。

〔注释〕

①孟宗：字恭武，三国时江夏人。

②庶：但愿。

〔译文〕

孟宗少年游学，他的母亲为他缝制了一床十二幅的大被子，以便招来贫穷但有德行的贤士同床共眠，期望他能听到君子的良言。

张烟雾于海际，耀光景于河渚；乘天梁而浩荡[①]，叫帝阍而延伫[2]。

〔注释〕

①天梁:指天梁星,属土,南斗第二星,主寿。

②帝阍(hūn):天门。延伫:久立,久站。

〔译文〕

在海边拉开烟雾,光影闪耀在河边沙洲上;乘着天梁星在天穹之上浩荡,叫呼天门而久久等待。

明月在天,秋声在树,珠箔卷啸倚高楼;苍苔在地,春酒在壶,玉山颓醉眠芳草[1]。

〔注释〕

①玉山颓:犹言玉山倒。语出《世说新语·容止》:"山公曰:'嵇叔夜之为人也,岩岩若孤松之独立;其醉也,傀俄若玉山之将崩。'"

〔译文〕

明月高挂天空,秋声在树间鸣响,卷起珠帘倚着高楼长啸;苍苔铺满大地,春酒盛满壶中,开怀畅饮如同玉山倾倒般醉卧在芳草丛中。

每从白门归[1],见江山逶迤,草木苍郁,人常言佳,我觉是别离人肠中一段酸楚气耳。

〔注释〕

①白门：旧时南京的别称。

〔译文〕

每当从白门回来，看到江山逶迤，草木葱茏茂盛，人们常说很美，我觉得这不过是离别的人们肠中一段酸楚之气罢了。

人每谀余腕中有鬼[①]，余谓：鬼自无端入吾腕中[②]，吾腕中未尝有鬼也。人每责余目中无人，余谓：人自不屑入吾目中，吾目中未尝无人也。

〔注释〕

①谀：阿谀，奉承。
②无端：无缘无故。

〔译文〕

人们每每奉承我，说我手腕中有鬼神帮助，我说道：鬼神自然不会无缘无故进入我手腕中，我的手腕里也不曾有鬼神。人们每每指责我，说我目中无人，我说：别人自然不屑于进入我的眼中，我的眼中也不曾没有他人。

放不出憎人面孔，落在酒杯；丢不下怜世心肠，寄之诗句。春到十千美酒[①]，为花洗妆[②]；夜来一片名香，与月熏魄。

〔注释〕

①十千美酒：言每斗酒价钱十千文，比喻其名贵。唐代王维《少年行》：“新丰美酒斗十千，咸阳游侠多少年。”

②为花洗妆：语出《云仙杂记》：“洛阳梨花时，人多携酒其下，曰：为梨花洗妆。”

〔译文〕

脸上不显露出厌恶人的表情，都留在酒杯中；心中丢不下怜悯世人的心肠，全寄托在诗句里。春天到来带上名贵的美酒，为花洗妆；夜幕降临焚上一片名香，为明月熏魄。

醺醺熟读《离骚》，孝伯外敢曰并皆名士[①]；碌碌常承色笑，阿奴辈果然尽是佳儿[②]。

〔注释〕

①“醺醺熟读《离骚》”二句：语出《世说新语·任诞》：“王孝伯言：‘名士不必须奇才，但使常得无事，痛饮酒，熟读《离骚》，便可称名士。’”孝伯，指晋代王恭，字孝伯。

②“碌碌常承色笑”二句：语出《世说新语·识鉴》：“周伯仁母，冬至举酒赐三子曰：‘吾本谓度江托足无所，尔家有相，尔等并罗列吾前，复何忧！’周嵩起，长跪而泣曰：‘不如阿母言。伯仁为人志大而才短，名重而识暗，好乘人之弊，此非自全之道。嵩性狼抗，亦不容于世。唯阿奴碌碌，当在阿母目下耳。’”

〔译文〕

醉酒醺醺，熟读《离骚》，王孝伯外敢说都是名士；庸庸碌禄,常承欢笑,阿奴辈果然都是听话的孩子。

飞禽铩翮[1],犹爱惜乎羽毛;志士捐生[2],终不忘乎老骥。

〔注释〕

①铩翮(shāhé):伤残了翅膀。

②捐生:舍弃生命。

〔译文〕

飞禽伤残了翅膀,尚且爱惜自己的羽毛;志士舍弃生命,到死不忘其老马。

缥缈孤鸿,影来窗际,开户从之,明月入怀,花枝零乱。朗吟“枫落吴江”之句[1],令人凄绝。

〔注释〕

①“枫落吴江”句:指唐代崔信明所作诗句“枫落吴江冷”。

〔译文〕

缥缈高飞的孤雁,影子掠过窗际,打开门跟着出去,皎洁的月光映入怀中,花枝零乱。高声吟诵“枫落吴江冷”的诗句,令人感到异常凄绝。

士大夫胸中无三斗墨,何以运管城[1]?然恐蕴酿宿陈[2]，出之无光泽耳。

〔注释〕

①管城：指毛笔。

②宿陈：酝酿太久。

〔译文〕

士大夫胸中如果没有三斗墨水，怎么来运笔为文？然而又担心酝酿太久，表达出来失去文采光泽。

攫金于市者，见金而不见人[1]；剖身藏珠者，爱珠而忘自爱[2]。

〔注释〕

①“攫金于市者”二句：典出《列子·说符》：“昔齐人有欲金者，清旦衣冠而之市，适鬻金者之所，因攫其金而去。吏捕得之，问曰：‘人皆在焉，子攫人之金何？’对曰：‘取金之时不见人，徒见金。’”

②“剖身藏珠者”二句：语出《资治通鉴》：“上谓侍臣曰：‘吾闻西域贾胡得美珠，剖身以藏之，有诸？’侍臣曰：‘有之。’上曰：‘人皆知笑彼之爱珠而不爱其身也。’”

〔译文〕

在闹市中抢劫金子的人，眼里只有黄金而看不到人；剖开身体藏匿珍珠的人，只知道珍爱珠子而忘记爱惜自己的身体。

与夫决性命以饕富贵①，纵嗜欲以戕生者何异②？

〔注释〕

①饕(tāo)：贪得无厌。

②戕(qiāng)生：杀生。

〔译文〕

与那些拼上性命追求富贵、放纵嗜欲而杀生的人有什么区别？

李太白云："天生我材必有用，黄金散尽还复来①。"又云："一生性癖耽佳句，语不惊人死不休②。"豪杰不可不解此语。

〔注释〕

①"天生我材必有用"二句：出自唐代李白《将进酒》诗。

②"一生性癖耽佳句"二句：出自唐代杜甫《江上值水如海势聊短述》，非李白所作。

〔译文〕

李白曾言："天生我材必有用，千金散尽还复来。"杜甫也说："一生性癖耽佳句，语不惊人死不休。"英雄豪杰不可以不理解这几句话。

天下固有父兄不能囿之豪杰①，必无师友不可化之愚蒙。谐友于天伦之外，元章呼石为兄；奔走于世途之中，庄生喻尘以马[②]。

〔注释〕

①囿(yòu)：约束。

②庄生喻尘以马：庄子《逍遥游》："野马也，尘埃也，生物之以息相吹也。"

〔译文〕

天下固然有父兄不能约束的英雄豪杰，但是必定没有师友不能教化的愚钝蒙昧之人。兄弟般和谐相处于天伦之外，米芾称石头为兄弟；为名利奔波在尘世之间，庄子喻尘埃为野马。

英雄尚不肯以一身受天公之颠倒，吾辈奈何以一身受世人之提掇[①]？是堪指发[②]，未可低眉。

〔注释〕

①提掇：提拉，提携。此处指牵制和左右。

②指发：发指，形容愤怒至极。

〔译文〕

英雄尚且不肯以一身清名来接受天公的颠倒黑白，我辈为什么要以一身受世人的牵制？这可以怒发冲冠，不能低眉屈节。

上马横槊[①]，下马作赋，自是英雄本色；熟读《离骚》，痛饮浊酒，果然名士风流[②]。

〔注释〕

①横槊(shuò)：横持长矛，指从军或习武。

②“熟读《离骚》”三句：语出《世说新语·任诞》，见本卷“醺醺熟读《离骚》”条注释。

〔译文〕

上马可横槊，下马可作诗，自然是英雄本色；熟读《离骚》，痛饮美酒，果然是名士风流。

身许为知己死，一剑夷门[①]，到今侠骨香仍古；腰不为督邮折[②]，五斗彭泽[③]，从古高风清至今。

〔注释〕

①夷门：指夷门侯嬴，战国时魏国隐士。侯生年七十尚为大梁夷门（魏国都东门）守门小吏，信陵君迎为上宾。后秦国围赵，献计解赵国危。危解而信守与信陵君的承诺，自刎。

②督邮：官名，汉代各郡的重要属吏。

③五斗彭泽：晋代陶渊明为彭泽令时，不为五斗米折腰，弃官而去。

〔译文〕

此身许诺为知己而死，侯生一剑自刎于夷门，到如今侠骨之香仍然流传；不肯为五斗米向督邮折腰，陶渊明辞官而去，高风亮节从古流传到今。

先达笑弹冠[①],休向侯门轻曳裾;相知犹按剑,莫从世路暗投珠[②]。

〔注释〕

①弹冠:典出《汉书·王吉传》:西汉王吉和贡禹交好,王吉在位,贡禹便准备出去做官。世称"王阳在位,贡公弹冠"。

②"相知犹按剑"二句:典出《史记·鲁仲连邹阳列传》:"臣闻明月之珠,夜光之璧,以暗投人于道路,人无不按剑相眄者。何则?无因而至前也。"

〔译文〕

同辈中先发迹的人笑侮后来弹冠出仕的人,所以不要轻易投靠王侯贵族的门下;相知的朋友还要按剑相对,千万不要在世路上明珠暗投。

卷十一

〔**题解**〕

本卷所讲的“法”，不是“法规”“法律”的意思，而是指“礼法”。《论语·颜渊》中：“颜渊问仁，子曰：‘克己复礼为仁。一日克己复礼，天下归仁焉。’”礼法在儒家思想中居于极为重要的地位。

在作者眼中，迂腐的人拘泥于礼法，超凡脱俗的人越过甚至打破礼法，这都是对当时不正常的社会现状做出的非常态反应。士大夫君子应该维护礼法，不偏不倚，不必像方袍幅巾，做出迂腐的样子。作者通过本卷对当时社会状态进行了反思，提醒时人在“泥于法”和“越于法”中间寻找一个平衡点。

法

自方袍幅巾之态遍满天下①，而超脱颖绝之士，遂以同污合流矫之，而世道不古矣。夫迂腐者，既泥于法，而超脱者，又越于法。然则士君子亦不偏不倚，期无所泥越则已矣，何必方袍幅巾，作此迂态耶？集法第十一。

〔注释〕

①方袍:即僧袍。幅巾:用整幅的绢做成的束发头巾。

〔译文〕

自从方袍幅巾的道学先生打扮遍满天下,那些超凡脱俗、聪明过人的人,便用同流合污的方法来矫正它,然而世道衰微、人心不古。那些迂腐的人,已经拘泥于礼法,而超凡脱俗的人,又逾越礼法。既然这样,那么士大夫君子不偏不倚,期望无所拘泥、无所逾越便可以了,为何一定要方袍幅巾的打扮,做出这样迂腐的丑态呢?于是编纂第十一卷"法"。

世无乏才之世,以通天达地之精神,而辅之以拔十得五之法眼①。一心可以交万友,二心不可以交一友。

〔注释〕

①拔十得五:指选拔人才的方法。

〔译文〕

世间没有缺乏人才的时代,只要以通达天地的精神,再辅之以拔十得五的法眼。一心一意,可以结交成千上万的朋友;三心二意,则一个朋友也结交不成。

凡事,留不尽之意则机圆;凡物,留不尽之意则用裕①;凡情,留不尽之意则味深;凡言,留不尽之意则致远；凡兴，留不尽之意则趣多；凡才，留不尽之意则神满。

〔注释〕

①不尽之意：指事情的余地。

〔译文〕

凡是做事留有余地，就会机巧圆融；凡是用物留有余地，就会使用充裕；凡是情感留有余地，就会意味深长；凡是言语留有余地，就会情致深远；凡是兴致留有余地，就会趣味无穷；凡是才华留有余地，就会精神饱满。

有世法，有世缘，有世情。缘非情，则易断；情非法，则易流。

〔译文〕

有世俗的法则，有世间的俗缘，有人情世态。世间缘分如果不符合世态人情，则容易中断；世态人情如果不合世间之法，就容易流于放纵。

世多理所难必之事[①]，莫执宋人道学；世多情所难通之事，莫说晋人风流。

〔注释〕

①难必：难以完成。

〔译文〕

世间有很多按照道理却难以完成的事情,不要偏执于宋代儒家的理学;世间有很多按照性情却难以行得通的事情,不要仿效晋人的狂放不羁。

与其以衣冠误国[①],不若以布衣关世[②];与其以林下而矜冠裳[③],不若以廊庙而摽泉石[④]。

〔注释〕

①衣冠:指身居官位。

②布衣:借指平民。关世:关怀世事。

③冠裳:指官职。

④摽(biāo):同"标",标榜。

〔译文〕

与其身居官位而误国,不如以平民的身份关心世事;与其在山林中夸耀身份功名,不如身在朝廷时标榜隐居之志。

眼界愈大,心肠愈小;地位愈高,举止愈卑。

〔译文〕

眼界越大,做事时考虑问题越细致;地位越高,行为举止就越平和谦卑。

少年人要心忙，忙则摄浮气；老年人要心闲，闲则乐余年。晋人清谈，宋人理学，以晋人遣俗，以宋人禔躬[①]，合之双美，分之两伤也。

〔注释〕

①禔(tí)躬：禔身，安身立命。

〔译文〕

少年人心中要繁忙，繁忙可以收摄浮躁之气；老年人心中要清闲，清闲便可以安度晚年。晋人喜欢清谈，宋人崇尚理学，用晋人的清谈来排遣世俗，用宋人的理学来安身立命，二者合之便双美，分之则两伤。

忙处事为[①]，常向闲中先检点；动时念想，预从静里密操持。青天白日处节义，自暗室屋漏中培来[②]；旋乾转坤的经纶，自临深履薄处操出[③]。

〔注释〕

①事为：作为。

②暗室屋漏：形容处于无人之地，恒存畏惧之心。

③临深履薄：形容危惕不安。《诗·小雅·小旻》："战战兢兢，如临深渊，如履薄冰。"

〔译文〕

忙乱中的所作所为，要经常在空闲时检点反省；行动时的念头想法，要提前在安静时缜密安排。青天白日中表现出的节操义气，是在身处暗室却恒存畏惧之心中培养而来；在乾坤旋转中展露出的治理国家的才能谋略，是在如临深渊如履薄冰的危惕中操练而来。

何以下达，惟有饰非[①]；何以上达，无如改过[②]。

〔**注释**〕

①饰非：掩饰过错。

②无如：不如。

〔**译文**〕

小人如何向下求得通达，只有掩饰过错；君子如何向上求得通达，不如改正过错。

一点不忍的念头，是生民生物之根芽；一段不为的气象，是撑天撑地之柱石。

〔**译文**〕

一点于心不忍的念头，是使百姓和万物生长的根芽；一段清净无为的气象，是在世间顶天立地的柱石。

不可乘喜而轻诺，不可因醉而生嗔，不可乘快而多事，不可因倦而鲜终。

〔译文〕

不可以乘着高兴而随意许下承诺，不可以因为醉酒而随意发怒，不可以贪图痛快而滋生事端，不可以因为倦怠而有始无终。

白沙在泥，与之俱黑[①]，渐染之习久矣；他山之石，可以攻玉[②]，切磋之力大焉。

〔注释〕

①“白沙在泥”二句：语出《曾子》：“蓬生麻中，不扶乃直；白沙在泥，与之俱黑。”

②“他山之石”二句：语出《诗·小雅·鹤鸣》。本意为其他山上的石头，可以拿来磨玉器，后来比喻借助他人的帮助，改正自己的错误。

〔译文〕

白沙在泥中，和泥巴一起变黑，这是逐渐浸染时间已久的缘故；其他山上的石头，可以用来磨玉器，是切磋琢磨的力量很大的缘故。

后生辈胸中落“意气”两字，有以趣胜者，有以味胜者。然宁饶于味，而无饶于趣。

〔译文〕

后生晚辈胸中没有“意气”两个字，有的以趣味取胜，有的以韵味取胜。然而宁可富有韵味,也不富于趣味。

寡思虑以养神,剪欲色以养精,靖言语以养气①。

〔注释〕

①靖:安静,沉默。

〔译文〕

少思虑来养精神,剪除情欲来养精力,安静不语来养精气。

救既败之事者①,如驭临崖之马,休轻策一鞭;图垂成之功者②,如挽上滩之舟,莫少停一棹。

〔注释〕

①既:已经。

②图:图谋。

〔译文〕

挽救已经成为败局的事情,像驾驭一匹临近悬崖的马,不要轻打一鞭;图谋快要成功的事情,如同力挽将要上滩靠岸的船,不要稍停一桨。

是非邪正之交,少迁就则失从违之正①;利害得失之会②,太分明则起趋避之私。

〔注释〕

①从违：遵从或违背。

②会：交会。

〔译文〕

是非邪正交锋时，稍有迁就便会失去遵从或违背的正确态度；利害得失交会时，太过分明便会产生趋向或避开的私心。

事系幽隐[1]，要思回护他，着不得一点攻讦的念头[2]；人属寒微，要思矜礼他[3]，着不得一毫傲睨的气象[4]。

〔注释〕

①幽隐：隐晦，隐蔽。

②攻讦（jié）：揭发别人的隐私或攻击别人的短处。

③矜礼：尊重礼让。

④傲睨：傲视。

〔译文〕

事情涉及别人的隐私，要考虑如何回护他，不能有一点攻击揭发的念头。对于出身贫寒的人，要考虑如何尊重礼让他，不能有一丝傲视的态度。

礼义廉耻，可以律己，不可以绳人[1]。律己则寡过，绳人则寡合。

〔注释〕

①绳:指约束。

〔译文〕

礼义廉耻,可以用来克制自己,不可以用来约束别人。自我克制可以减少过错,约束别人就难以与人和睦相处。

凡事韬晦[①],不独益己,抑且益人;凡事表暴[②],不独损人,抑且损己。

〔注释〕

①韬晦:即韬光养晦,指隐藏才能,不使外露。

②表暴:亦作"表襮",自炫,暴露。

〔译文〕

凡事韬光养晦,不仅对自己有好处,而且对别人也有好处;凡事自我炫耀,不仅损害别人,而且损害自己。

从师延名士[①],鲜垂教之实益[②];为徒攀高第[③],少受诲之真心。男子有德便是才,女子无才便是德。

〔注释〕

①延:延请。

②鲜:少。

③高第:经过考核,成绩优秀。

〔译文〕

拜师一味延请名家,很少能得到其亲自教导的益处;作为徒弟一直攀比成绩,少了接受教诲的真心。男子具有优秀的品德便是才华,女子没有才华便是有了优秀的品德。

才人国士,既负不群之才①,定负不羁之行。是以才稍压众则忌心生,行稍违时则侧目至②。死后声名,空誉墓中之骸骨;穷途潦倒,谁怜宫外之蛾眉。

〔注释〕

①负:拥有。不群之才:超越一般人的才华。

②违时:违背时宜。

〔译文〕

宫中才人和国中杰士,既然拥有超乎众人的才华,也一定有豪放不羁的行为。正是因为才华稍微超过众人,才容易引发别人的嫉妒之心;行为稍微违背时宜,便引来他人不满的眼光。死后的声名,不过白白赞誉坟墓中的骸骨;穷途潦倒,有谁还怜惜那些因年老色衰而被遣出宫的宫女。

贵人之交贫士也,骄色易露;贫士之交贵人也,傲骨当存。君子处身,宁人负己,己无负人;小人处事,宁己负人，无人负己。

〔译文〕

高贵的人同贫寒的人结交，容易流露出骄傲的神情；贫寒的人同高贵的人结交，应当存有傲骨。君子立身处世，宁可别人辜负自己，也不愿自己辜负别人；小人为人处事，宁可自己辜负别人，也不愿别人辜负自己。

要治世半部《论语》[①]，要出世一卷《南华》[②]。

〔注释〕

①要治世半部《论语》：即“半部《论语》治天下”。宋代罗大经《鹤林玉露》载，宋太宗问赵普所读仅《论语》一事，赵普回答说：“臣平生所知，诚不出此。昔以其半辅太祖定天下，今欲以其半辅陛下致太平。”

②《南华》：《南华真经》，即《庄子》。

〔译文〕

要治理天下，半部《论语》即可；要出世修道，一部《庄子》足矣。

求见知于人世易[①]，求真知于自己难。求粉饰于耳目易，求无愧于隐微难。

〔注释〕

①见知：被别人知道。

〔译文〕

想要被别人知道容易,而想要真正了解自己很难。想要粉饰过失掩人耳目容易,而想要在隐私小事上问心无愧很难。

圣人之言,须常将来眼头过①,口头转,心头运。

〔注释〕

①将来:拿来。

〔译文〕

圣贤的言论,需要经常拿来用眼看一看,用嘴说一说,用心想一想。

君子有三惜:此生不学,一可惜;此日闲过,二可惜;此身一败,三可惜。

〔译文〕

君子有三件事情值得可惜:此生不学无术,是第一可惜;此日悠闲虚度,是第二可惜;此身一败涂地,是第三可惜。

士大夫三日不读书,则礼义不交,便觉面目可憎,语言无味。

〔译文〕

士大夫如果三日不读书，礼法道义不会在心中交会贯通，便会觉得面目可憎，语言无味。

与其密面交，不若亲谅友[1]。与其施新恩，不若还旧债。

〔注释〕

①谅友：诚实正直的朋友。《论语·季氏》：“孔子曰：‘益者三友，损者三友。友直，友谅，友多闻，益矣；友便辟，友善柔，友便佞，损矣。’”

〔译文〕

与其同泛泛之交亲密，不如亲近诚实正直的朋友。与其给与别人新的恩惠，不如偿还旧时的债务。

见人有得意事，便当生忻喜心；见人有失意事，便当生怜悯心，皆自己真实受用处。忌成乐败，徒自坏心术耳。

〔译文〕

看到别人有得意的事，便应当产生欣喜的心情；看见别人有失意的事，便应当产生怜悯的心情，这都是自己实实在在受用的地方。嫉妒别人成功，高兴别人失败，只会白白坏了自己的心术。

处心不可着[1]，着则偏；作事不可尽，尽则穷。

〔注释〕

①着：着重，执着。

〔译文〕

居心不可以执着，执着容易产生偏颇；做事不可以做绝，做绝便没有退路。

士人所贵，节行为大[1]。轩冕失之[2]，有时而复来；节行失之，终身不可得矣。

〔注释〕

①节行：节操品行。

②轩冕：原指古时大夫以上官员的车乘和冕服，后借指官位爵禄。

〔译文〕

读书人可贵的是，以节操品行为最大。官位爵禄丢失，有时还可以失而复得；节操品行丢失，终身便不能再得到。

静坐然后知平日之气浮，守默然后知平日之言躁，省事然后知平日之费闲，闭户然后知平日之交滥，寡欲然后知平日之病多，近情然后知平日之念刻。

〔译文〕

安然静坐，然后知道平日里心浮气躁；保持沉默，然后知道平日里言语急躁；减少事务，然后知道平日里费心费事；闭门谢客，然后知道平日里交往过滥；清心寡欲，然后知道平日里毛病太多；合乎人情，然后知道平日里念头刻薄。

正以处心，廉以律己，忠以事君，恭以事长，信以接物，宽以待下，敬以治事，此居官之七要也。

〔译文〕

居心公正，用廉洁约束自己，忠诚侍奉君主，恭敬对待长辈，诚信待人接物，宽厚对待下属，以敬业的态度处理公务，这是做官的七条重要准则。

青天白日，和风庆云[①]，不特人多喜色[②]，即鸟鹊且有好音。若暴风怒雨，疾雷幽电，鸟亦投林，人皆闭户。故君子以太和元气为主[③]。

〔注释〕

①庆云：五色云，古人以为祥瑞之气。《列子·汤问》："庆云浮，甘露降。"

②特：只。

③太和元气：古代指阴阳冲和的元气。

〔译文〕

天气晴朗,和风庆云,不只人们面带喜色,就是鸟鹊声也悦耳动听。假如狂风暴雨,电闪雷鸣,鸟儿投林,人们也都闭户。所以君子的心态应以冲和之气为主。

胸中落“意气”两字,则交游定不得力;落“骚雅”二字,则读书定不深心。

〔译文〕

胸中如果丢失了“意气”二字,那么与人交往一定不得力;丢失了“骚雅”二字,那么读书肯定不能专心。

惟书不问贵贱贫富老少。观书一卷,则有一卷之益;观书一日,则有一日之益。

〔译文〕

只有读书不问贵贱、贫富、老少。看一卷书,便有一卷书的收益;看一天书,便有一天的收益。

好丑不可太明,议论不可务尽,情势不可殚竭,好恶不可骤施。

〔译文〕

对事物的美丑不可以分得过于清楚,议论人和事不可以太极端,把握事情的势态不可以没有余地,喜欢和厌恶不可以突然表现出来。

不风之波[①],开眼之梦[②],皆能增进道心。

〔注释〕

①不风之波:不起风而出现的波浪。

②开眼之梦:睁着眼做的梦,犹白日梦。

〔译文〕

不起风而出现的波浪,白天睁眼幻想的梦境,都能增进悟道之心。

我能容人,人在我范围,报之在我[①],不报在我;人若容我,我在人范围,不报不知,报之不知。自重者然后人重,人轻者由我自轻。

〔注释〕

①报:报答。

〔译文〕

我能包容别人,别人就在我的限制之内了,报答在于我,不报答也在于我;别人如果包容我,我便在别人的范围里,不报答不知道,报答了可能也不知道。因此自重的人才会受到别人的尊重,被别人轻视往往是因为自我轻视。

高明性多疏脱，须学精严；狷介常苦迂拘[①]，当思圆转。

〔注释〕

①狷介：孤傲耿直。

〔译文〕

见识高明的人性格大多不受约束，放浪不羁，应该学会精细严谨；孤傲耿直的人常常苦于迂腐拘泥，应当学会思考如何灵活变通。

纷扰固溺志之场[①]，而枯寂亦槁心之地[②]。故学者当栖心玄默[③]，以宁吾真体；亦当适志恬愉，以养吾圆机[④]。

〔注释〕

①溺志：消磨意志。
②槁心：使心如枯槁。
③玄默：清静无为。
④圆机：圆通机变。

〔译文〕

世间纷扰喧嚣固然是消磨意志的场所，而寂寞枯燥的生活同样也是使人心如枯槁的地方。所以学者应当潜心静默，保持自我；又应当顺应志趣，恬然愉悦，来修养自己圆融机变的境界。

昨日之非不可留，留之则根烬复萌，而尘情终累乎理趣；今日之是不可执，执之则渣滓未化，而理趣反转为欲根。待小人不难于严，而难于不恶；待君子不难于恭，而难于有礼。

〔译文〕

过去的错误不可以保留，留下便会死灰复燃，凡俗情感终将妨碍义理情趣；当下的正确也不可以固执坚持，偏执便会像渣滓没有化解，义理情趣反而成为欲望的根源。对待小人，做到严厉不难，难的是内心不憎恶他们；对待君子，做到恭敬不难，难的是讲究礼教。

市私恩①，不如扶公议②；结新知，不如敦旧好③；立荣名，不如种隐德；尚奇节，不如谨庸行。

〔注释〕

①市：得到，求取。
②扶：扶持。
③敦：加深。

〔译文〕

收买私人感情，不如扶持公众舆论；结交新的朋友，不如加深同旧交的感情；树立美名，不如广积阴德；崇尚奇特的气节，不如谨慎平时的行为。

老成人受病[1]，在作意步趋；少年人受病，在假意超脱。

〔注释〕

①受病：受到诟病。

〔译文〕

年老敦厚的人受指责，往往在于亦步亦趋；少年人受指责，往往在于假装潇洒超脱。

入心处咫尺玄门[1]，得意时千古快事。

〔注释〕

①入心处咫尺玄门：语出《世说新语·言语》："刘尹与桓宣武共听讲《礼记》，桓云：'时有入门处，便觉咫尺玄门。'"

〔译文〕

进入内心深处，那么距离高深的境界就很近；领会意旨的时候，是千古以来未有的痛快事。

《水浒传》无所不有，却无破老一事[1]，非关缺陷，恰是酒肉汉本色。如此益知作者之妙。

〔注释〕

①破老：指如果有美男美女在皇帝身边，那些德高望重的老人所进的良言善谏都要被排挤、被冲破。《逸周书·武称解》："美男破老，美女破舌。"

〔译文〕

《水浒传》中无所不有，却没有破老一事，这并非是缺陷，恰恰是酒肉好汉的本色体现。这样更加知道作者的用心巧妙。

书是同人①，每读一篇，自觉寝食有味；佛为老友，但窥半偈，转思前境真空。

〔注释〕

①同人：志同道合的人。

〔译文〕

书是志同道合的朋友，每读完一篇，便觉得吃饭睡觉有了滋味；佛是老友，只看半句偈语，转觉前世境界都是虚空。

衣垢不湔①，器缺不补，对人犹有惭色；行垢不湔，德缺不补，对天岂无愧心？

〔注释〕

①湔（jiān）：洗涤。

〔译文〕

衣服脏了不洗，器具破了不补，面对他人尚且还有惭愧之色；行为方面的污点不清除，德行上的缺失不修补，对上天难道没有愧疚之心？

天地俱不醒，落得昏沉醉梦；洪濛率是客[①]，枉寻寥廓主人。老成人必典必则[②]，半步可规；气闷人不吐不茹[③]，一时难对。重友者，交时极难，看得难，以故转重；轻友者，交时极易，看得易，以故转轻。

〔注释〕

①洪濛：宇宙。

②必典必则：行为一定遵守典章规范，符合规矩。

③不吐不茹：不吞不吐。指说话含糊不清。

〔译文〕

天和地混沌不醒，落得个昏昏沉沉，酣然入睡；宇宙间大多是过客，枉自寻找寥阔混沌的主人。老成持重的人行为一定遵守典章规范，半步也要中规中矩；爱生闷气的人说话不吞不吐，一时令人难以应对。重视朋友的人，开始交往时非常困难，因为他们把交友看得难，所以转而重视友情；轻视朋友的人，交往之初十分容易，因为他们把交友看得简单，所以转而轻视友情。

考人品，要在五伦上见[①]。此处得，则小过不足疵；

此处失，则众长不足录。

〔注释〕

①五伦：旧指君臣、父子、兄弟、夫妻、朋友之间的五种伦理关系，也称五常。

〔译文〕

考察一个人的人品，要从君臣、父子、兄弟、夫妻、朋友这五种伦理关系上来判断。如果在五伦上做得得体，那么小的过错便不足以成为瑕疵；如果五伦上做得失当，那么即使有很多长处，也不足以录用。

国家尊名节，奖恬退[①]，虽一时未见其效，然当患难仓卒之际，终赖其用。如禄山之乱[②]，河北二十四郡皆望风奔溃，而抗节不挠者，止一颜真卿[③]，明皇初不识其人。则所谓名节者，亦未尝不自恬退中得来也。故奖恬退者，乃所以励名节。

〔注释〕

①恬退：淡于名利，安于退让。

②禄山之乱：即唐代的“安史之乱”。天宝十四载(755)，平卢、范阳、河东三镇节度使安禄山起兵作乱，后来其部将史思明等相继为乱，唐朝由盛转衰。

③颜真卿：字清臣，京兆万年(今陕西西安)人，唐代著名的书法家、政治家。安禄山叛乱，诸郡望风披靡，只有颜真卿坚守平原抗战。唐玄宗听

闻,大喜:“朕不识颜真卿形态何如,所为得如此!”真卿后被叛将杀害。

〔译文〕

国家尊重名节操守,奖励淡泊退让,虽然一时没有见到成效,然而当患难危亡的时候,最终要依靠这些人起作用。比如安史之乱,河北二十四郡都望风披靡,溃散奔逃,不屈不挠进行抵抗的,只有颜真卿一人,而唐玄宗最初并不认识他。可见所谓名节操守,也未尝不是从恬淡退让中得来。所以奖励恬淡退让的人,也是在砥砺坚持名节操守的人。

烈士不馁,正气以饱其腹;清士不寒,青史以暖其躬;义士不死,天君以生其骸①。总之手悬胸中之日月,以任世上之风波。

〔注释〕

①天君:指心。《荀子·天论》:“心居中虚以治五官,夫是之谓天君。”

〔译文〕

忠烈的人不会感到饥饿,浩然正气可以填饱肚腹;清贫的人不会感到寒冷,昭昭青史可以温暖他的身体;节义的人不会死去,公道人心使他永垂不朽。总之用手悬起胸中的日月,来应对世上的风波考验。

孟郊有句云:“青山碾为尘,白日无闲人①。”于邺云:“白日若不落,红尘应更深②。”又云:“如逢幽隐处,似遇独醒人[③]。"王维云："行到水穷处，坐看云起时[④]。"又云："明月松间照，清泉石上流[⑤]。"皎然云："少时不见山，便觉无奇趣[⑥]。"每一吟讽，逸思翩翩。

〔注释〕

①"青山碾为尘"二句：出自唐代孟郊《大梁送柳淳先入关》诗。

②"白日若不落"二句：出自唐代于邺《东门路》诗。

③"如逢幽隐处"二句：出自于邺《山上树》诗。

④"行到水穷处"二句：出自唐代王维《终南别业》诗。

⑤"明月松间照"二句：出自王维《山居秋暝》诗。

⑥"少时不见山"二句：出自唐代皎然《出游》诗。

〔译文〕

孟郊有诗句说："青山碾为尘，白日无闲人。"于邺有诗说："白日若不落，红尘应更深。"又说："如逢幽隐处，似遇独醒人。"王维有诗说："行到水穷处，坐看云起时。"又说："明月松间照，清泉石上流。"皎然有诗说："少时不见山，便觉无奇趣。"每次吟咏这些诗句，总令人思绪飘逸，浮想联翩。

卷十二

〔题解〕

美好的事物不可多得，所以作者在本卷“倩”中举出了美人、名花、青山绿水等等一系列韵味无穷的事物。通过感知表面的“倩”，使人领略其中的情致，情景相融时，忽发感慨，更加意味深长。

竹色掩映中的沙村，白露横江的肃杀秋色，扫石弹琴，卷帘看鹤，这些更多是作者心中向往的景色和生活方式。在这样自然随性的环境中，包含着宠辱不惊、淡然处世的感悟，这种深层次的“倩”，才是作者想要传达的最美好的东西。

倩

倩不可多得①，美人有其韵，名花有其致，青山绿水有其丰标②。外则山臞韵士③，当情景相会之时，偶出一语，亦莫不尽其韵，极其致，领略其丰标，可以启名花之笑，可以佐美人之歌，可以发山水之清音，而又何可多得！集倩第十二。

〔注释〕

①倩:美好。

②丰标:风度,仪态。

③山臞(qú):形容隐士萧散清瘦的样子。

〔译文〕

美好的事物不可多得,美人有其韵味,名花有其情致,青山绿水有其姿态。此外,还有隐逸山林的风雅之士,当情景交融时,偶尔吟出一句,也没有不尽显其韵味,极尽其情致;领略其姿态,可以令名花绽放,可以伴随美人歌舞,可以生发出山水清音,这又怎么可能多得呢!于是编纂第十二卷“倩”。

会心处,自有濠濮间想,然可亲人鱼鸟①;偃卧时,便是羲皇上人,何必秋月凉风②。

〔注释〕

①“会心处”三句:语出《世说新语·言语》:“会心处不必在远,翳然林水,便自有濠濮间想也,觉鸟兽禽鱼自来亲人。”

②“偃卧时”三句:语出晋代陶渊明《与子俨等疏》:“常言五六月中,北窗下卧,遇凉风暂至,自谓羲皇上人。”

〔译文〕

在会心之处,自然产生逍遥闲居的想法,感到鸟兽禽鱼和人亲近;仰面闲卧时,便是上古时代的人恬静闲适,何必要秋月朗照凉风吹拂。

一轩明月，花影参差，席地便宜小酌；十里青山，鸟声断续，寻春几度长吟。

〔译文〕

皎洁的月亮照在庭院中，花影参差错落，席地而坐便适合小酌；青山十里，鸟声断断续续，游赏春景，引人几度长吟。

入山采药，临水捕鱼，绿树阴中鸟道；扫石弹琴，卷帘看鹤，白云深处人家。

〔译文〕

入山采药，临水捕鱼，绿树荫掩映下满是险峻的山路；扫净石阶弹琴，卷起竹帘看鹤，白云深处住着闲适的人家。

沙村竹色，明月如霜，携幽人杖藜散步；石屋松阴，白云似雪，对孤鹤扫榻高眠。

〔译文〕

沙村里竹色苍翠，月光皎洁如霜，与隐士拄着藜杖，一起散步；松荫遮蔽下的石屋上，天空中白云如雪，面对孤鹤，扫榻高眠。

焚香看树，人事都尽。隔帘花落，松梢月上。钟声忽度，推窗仰视，河汉流云，大胜昼时。非有洗心涤虑，得意爻象之表者[①]，不可独契此语。

〔注释〕

①得意爻象之表者：指通达天地意象、人生真谛的人。意、爻、象为《周易》中的一组范畴。意为本义，爻为组成卦的符号，象为卦象和卦位。

〔译文〕

焚香看树，人和事都摒弃。隔着珠帘看花瓣落下，月亮爬上树梢。钟声忽然传来，推开窗户仰望，只见银河流云飘荡，幽趣远胜过白天。如果不能涤除杂念，通达天地意象、人生真谛，便不能体悟这其中的幽趣。

收碣石之宿雾，敛苍梧之夕云。八月灵槎[①]，泛寒光而静去；三山神阙[②]，湛倩影以遥连。

〔注释〕

①八月灵槎：《博物志》："年年八月有浮槎，去来不失期。"

②三山神阙：指传说中蓬莱、方丈、瀛洲三神山的海市蜃楼。

〔译文〕

收起碣石山一夜的雾气，敛起苍梧山傍晚的云烟。八月乘着浮槎，泛着寒光静静划去；三座神山的海市蜃楼，倒映着清影遥遥相连。

空三楚之暮天①，楼中历历；满六朝之故地②，草际悠悠。

〔注释〕

①三楚：战国时楚地分为东楚、西楚、南楚，合称三楚。

②六朝：指曾经建都建康（今南京）的三国东吴、东晋及南朝宋、齐、梁、陈六个朝代。

〔译文〕

暮色中三楚大地，空旷辽阔，黄鹤楼中的景象历历在目；满眼六朝故地，芳草萋萋，悠悠无际。

秋水岸移新钓舫①，藕花洲拂旧荷裳②。心深不灭三年字③，病浅难销十步香④。

〔注释〕

①钓舫：钓船。

②荷裳：用荷叶做的衣服，比喻人的高洁。

③心深不灭三年字：语出《古诗十九首·孟冬寒气至》："置书怀袖中，三年字不灭。"

④十步香：香的一种。汉代刘向《说苑·谈丛》："十步之泽，必有香草。"

〔译文〕

新制的钓船在江岸边的秋水中缓缓移动，藕花洲畔拂动着旧日的衣裳。心思深沉，忘不掉三年的字迹；身患小病，难以消受十步香的香气。

翠微僧至，衲衣皆染松云；斗室残经，石磬半沉蕉雨。

〔译文〕

高僧从青山深处而来，僧衣上浸染着松风和云霞；斗室之中经书还未看完，石磬声沉郁好像雨打芭蕉。

“乐意相关禽对语，生香不断树交花”①，是无彼无此真机；“野色更无山隔断，天光常与水相连”②，此彻上彻下真境。

〔注释〕

①“乐意相关禽对语”二句：语出宋代石曼卿《题章氏园亭》诗。

②“野色更无山隔断”二句：宋代蔡梦弼《杜工部草堂诗话》载：横浦张子韶《心传录》曰：“读子美‘野色更无山隔断，山光直与水相通’，而已叹曰：‘子美此诗，非特为山光野色，凡悟一道理透彻处，往往境界皆如此也。’”

〔译文〕

“乐意相关禽对语，生香不断树交花”，这是事物不分彼此的玄机；“野色更无山隔断，天光常与水相连”，这是天地交融、上下协同的境界。

肥壤植梅，花茂而其韵不古；沃土种竹，枝盛而其质不坚。竹径松篱，尽堪娱目，何非一段清闲；园亭池榭，仅可容身，便是半生受用。

〔译文〕

肥沃的土壤中种植梅花，花开茂盛但韵味不古朴；肥沃的土壤中种植竹子，枝干茂盛但质地不坚挺。竹林间的小路，松枝做的篱笆，都可以赏心悦目，何尝不是一段清闲景象；园林中的亭阁，池塘中的水榭，虽然仅可以容身，也可供人享受半生。

绿染林皋①，红销溪水。几声好鸟斜阳外，一簇春风小院中。

〔注释〕

①林皋：山林及水边高地。

〔译文〕

绿色染遍了山林及水边高地，落花飘落在山间小溪中。斜阳外传来几声婉转的鸟鸣，小院中吹来一股和煦的春风。

有客到柴门，清尊开江上之月；无人剪蒿径①，孤榻对雨中之山。

〔注释〕

①蒿(hāo)径:荒芜的小路。

〔译文〕

有客人到寒舍,酒杯中盛满美酒,对着江上之月共饮;没人修剪杂草丛生的小路,孤独地卧在床榻上,对着雨中的青山。

恨留山鸟,啼百卉之春红;愁寄陇云,锁四天之暮碧。

〔译文〕

怨恨留给山鸟,山鸟悲啼唤醒了百花在春天齐放;忧愁寄与陇上行云,把天空中日落时的碧云都锁住。

晨起推窗,红雨乱飞,闲花笑也;绿树有声,闲鸟啼也;烟岚灭没,闲云度也;藻荇可数,闲池静也;风细帘青,林空月印,闲庭悄也;山扉昼扃,而剥啄每多闲侣[①];帖括困人[②],而几案每多闲编。绣佛长斋,禅心释谛,而念多闲想,语多闲词。闲中滋味,洵足乐也。

〔注释〕

①剥啄:敲门声。

②帖括:唐代科举中明经科以帖经试士,把经文贴去若干字,令应试

者对答，后考生因帖经难记，于是总括经文编成歌诀，便于记诵应试。称“帖括”。此处泛指应试文章。

〔译文〕

早起推开窗户，落花乱飞，是花儿在悠闲地笑；绿树间传来声音，是鸟儿在悠闲地啼叫；烟雾云气湮没了山峦，是云彩在悠闲地飘荡。水草荇菜参差可数，是池水闲静无波；微风吹过竹帘，月光洒在空寂的树林中，闲庭静悄悄；山居的门白天也关上，来敲门的多是悠闲的朋友；应试的文章使人困倦，书桌上大多都是风雅的闲书。绣着佛像，长年吃素，用清静的心境去解释佛经，而念头多是闲想，言语也多是闲辞。悠闲中的滋味，确实值得快乐。

水流云在①，想子美千载高标②；月到风来③，忆尧夫一时雅致④。何以消天下之清风朗月，酒盏诗筒；何以谢人间之覆雨翻云，闭门高卧。

〔注释〕

①水流云在：语出杜甫《江亭》诗：“水流心不竞，云在意俱迟。”

②子美：即唐代大诗人杜甫。高标：高洁的品格。

③月到风来：语出宋代邵雍《清夜吟》诗：“月到天心处，风来水面时。”

④尧夫：即北宋理学家邵雍，字尧夫。

〔译文〕

“水流心不竞，云在意俱迟”，遥想杜甫流传千古的高洁品格;“月到天心处,风来水面时”,追忆邵雍一时的高雅风致。用什么来消受天下的清风明月?只有酒杯和诗筒。用什么来谢绝人间翻云覆雨的险恶?只有闭门高卧。

高客留连,花木添清疏之致;幽人剥啄,莓苔生淡冶之容。雨中连榻,花下飞觞,进艇长波,散发弄月。紫箫玉笛,飒起中流,白露可餐,天河在袖。

〔译文〕

高雅之士流连花木之间,花木增添清疏的韵致;隐士的手杖敲打着路边的青苔,青苔更生发出黯淡的光景。雨中连榻而坐,花下飞觞饮酒,驾艇长波戏水,散发吟诗赏月。紫箫玉笛的旋律,忽然从中流响起,洁白的露珠好像可以食用,天河也仿佛在我的袖中。

香宜远焚,茶宜旋煮,山宜秋登。

〔译文〕

香适合在远一点的地方焚烧,茶适合缓慢地煎煮,山适合秋天攀登。

中郎赏花云[①]:茗赏上也,谈赏次也,酒赏下也。若夫内酒越茶及一切庸秽凡俗之语[②],此花神之深恶痛斥者[③],宁闭口枯坐,勿遭花恼可也。

〔注释〕

①中郎:即袁宏道,字中郎,号石公,明代文学家,公安派代表人物。

②内酒:宫廷作坊酿制的酒。越茶:越地所产的茶。

③花神:掌管花的神。

〔译文〕

袁中郎评论赏花说:品茶赏花为上,清谈赏花次之,饮酒赏花为下。至于宫廷制酒和越地产茶,以及其他一切庸俗污秽的言辞,都是花神所深恶痛绝的,宁可闭口静坐,也不要遭到花的恼怒便可。

赏花有地有时,不得其时而漫然命客①,皆为唐突。寒花宜初雪,宜雨霁,宜新月,宜暖房;温花宜晴日,宜轻寒,宜华堂;暑花宜雨后,宜快风,宜佳木浓阴,宜竹下,宜水阁;凉花宜爽月,宜夕阳,宜空阶,宜苔径,宜古藤巉石边。若不论风日,不择佳地,神气散缓,了不相属,比于妓舍酒馆中花,何异哉?

〔注释〕

①漫然:随便貌。

〔译文〕

赏花有合适的时间和地点,不讲究时间和地点随意邀请客人,都是唐突的举动。寒冷季节开的花,适合初降瑞雪、雨后放晴、新月初上的时候,适合在暖房中观赏;温暖季节开放的花,适合在晴朗天气、气温略有寒意的时候,适合在华丽的厅堂上观赏;暑天开放的花,适合在雨后、凉快之风中,适合在绿树浓荫下、翠竹下、水边阁楼上观赏;凉爽季节开放的花,适合在凉爽的月光中、夕阳下、空旷阶前,适合在苔藓小路、古藤巉石边观赏。如果不讲究气候和时间的变化,不选择合适的地点,花的神气散缓,全然不相关,这和在青楼酒馆中赏花,有什么区别?

园花按时开放,因即其佳称①,待之以客:梅花索笑客②,桃花销恨客③,杏花倚云客④,水仙凌波客⑤,牡丹酣酒客⑥,芍药占春客⑦,萱草忘忧客⑧,莲花禅社客⑨,葵花丹心客⑩,海棠昌州客⑪,桂花青云客⑫,菊花招隐客⑬,兰花幽谷客⑭,酴醿清叙客⑮,腊梅远寄客⑯。须是身闲,方可称为主人。

〔注释〕

①即:按照。

②梅花索笑客:宋代陆游《梅花》诗:"不愁索笑无多子,惟恨相思太瘦生。"

③桃花销恨客:《开元天宝遗事》载,御苑有千叶桃花,桃花盛开时唐明皇对杨贵妃说:"不独萱草忘忧,此花亦能消恨。"

④杏花倚云客:唐代高蟾《落第诗》:"天上碧桃和露种,日边红杏倚云栽。"

⑤水仙凌波客:水仙又称"凌波仙子"。宋代黄庭坚《王充道送水仙花五十枝,欣然会心,为之作咏》:"凌波仙子生尘袜,水上轻盈步微月。"

⑥牡丹酣酒客：唐代李浚《松窗杂录》："臣尝闻公卿间多吟赏中书舍人李正封诗曰：'天香夜染衣，国色朝酣酒。'"

⑦芍药占春客：宋代苏轼《玉盘盂并引》："杂花狼藉占春余，芍药开时扫地无。"

⑧萱草忘忧客：《诗·卫风·伯兮》："焉得谖草，言树之背？"

⑨莲花禅社客：佛教中以莲喻佛，故称。

⑩葵花丹心客：宋代司马光《客中初夏》诗："更无柳絮因风起，惟有葵花向日倾。"

⑪海棠昌州客：唐代《百花谱》载："海棠为花中神仙，色甚丽，但花无香无实。西蜀昌州产者，有香有实，土人珍为佳果。"

⑫桂花青云客：传说月中有桂树，又以桂花代指月。故称青云客。

⑬菊花招隐客：隐士对菊花情有独钟。陶渊明《饮酒》诗："采菊东篱下，悠然见南山。"

⑭兰花幽谷客：孔子曾言："芝兰生于幽谷，不以无人而不芳。"

⑮酴醾清叙客：酴醾本为酒名，"花中十友"中又称其"韵友"，故称"清叙客"。

⑯腊梅远寄客：北朝陆凯《赠范晔诗》："折花逢驿使，寄与陇头人。江南无所有，聊赠一枝春。"

〔译文〕

园中之花按时节开放，于是根据不同花的美称，来招待客人：梅花是索笑客，桃花是销恨客，杏花是倚云客，水仙是凌波客，牡丹是酣酒客，芍药是占春客，萱草是忘忧客，莲花是禅社客，葵花是丹心客，海棠是昌州客，桂花是青云客，菊花是招隐客，兰花是幽谷客，酴醾是清叙客，腊梅是远寄客。必须是身闲心静，才能成为花的主人。

马蹄入树鸟梦坠，月色满桥人影来。

〔译文〕

一阵马蹄声，惊起了树上鸟儿的清梦；月光洒落桥面，隐约中有人影而来。

无事当看韵书，有酒当邀韵友。

〔译文〕

没事时应当看看风雅的韵书，有酒时应当邀请高雅的朋友。

红蓼滩头[1]，青林古岸，西风扑面，风雪打头，披蓑顶笠，执竿烟水，俨在米芾《寒江独钓图》中。

〔注释〕

①红蓼(liǎo)：蓼的一种，多生长在水边，花呈淡红色。

〔译文〕

红蓼丛生的滩头，青翠的树木掩映着古岸边；西风扑面而来，风雪打在头上，披着蓑衣戴着斗笠，手执鱼竿钓于烟雾笼罩的水面，俨然置身于米芾《寒江独钓图》中。

秋风解缆，极目芦苇，白露横江，情景凄绝。孤雁惊飞，秋色远近，泊舟卧听，沽酒呼卢[1]，一切尘事，都付秋水芦花。

〔注释〕

①呼卢:古代的一种赌博游戏,削木为子,分为黑白,称为黑牛白雉。五子全黑称卢,为头彩。掷子时高声喊叫,希望全黑,叫作“呼卢”。

〔译文〕

秋风萧瑟中解开船缆而行,极目远眺无边无际的芦苇,白茫茫的雾气笼罩江面,情景十分凄凉。孤雁受惊而飞,远近一派肃杀的秋色,停下船卧听,饮酒呼卢声,一切世间俗事,都付诸秋水芦花。

设禅榻二,一自适,一待朋。朋若未至,则悬之。敢曰陈蕃之榻,悬待孺子;长史之榻[①],专设休源。亦惟禅榻之侧,不容着俗人膝耳。诗魔酒颠,赖此榻祛醒。

〔注释〕

①长史之榻:《南史·孔休源列传》载:南朝孔休源,为晋安王长史,深得信任。王于斋中常设一榻,云“此是孔长史坐”。

〔译文〕

摆设两张禅榻,一张自己用,一张招待朋友。如果朋友没到,便悬挂起来。正可谓陈蕃之榻,专门悬挂起来招待徐稚;长史之榻,是专为孔休源所设。而且我这样的禅榻旁,不容许俗人坐卧。那些诗魔酒颠,依赖此榻祛魔醒酒。

春夏之交,散行麦野;秋冬之际,微醉稻场。欣看麦浪之翻银,积翠直侵衣带;快睹稻香之覆地,新醅欲溢尊罍[①]。每来得趣于庄村,宁去置身于草野。

〔注释〕

①新醅(pēi):未过滤的酒。尊罍(léi):酒器。

〔译文〕

春夏之交,在麦田中漫步;秋冬之际,微醉在打谷场中。欣喜地看麦田翻起层层银浪,积聚的青翠气息直侵衣带;高兴地目睹稻谷的芳香弥漫大地,新酿的米酒从酒杯中溢出。每次来村庄都得到乐趣,宁可离开喧嚣的城市置身于乡野之间。

羁客在云村,蕉雨点点,如奏笙竽,声极可爱。山人读《易》《礼》,斗后骑鹤以至[①],不减闻《韶》也[②]。

〔注释〕

①斗后:指方外。

②《韶》:传说舜所作乐曲名。《论语·述而》:"子在齐闻《韶》,三月不知肉味。"

〔译文〕

旅人在云雾缭绕的乡村,雨点打在芭蕉叶上,像吹奏笙竽一样,声音十分可爱悦耳。山居的隐士读《易》《礼》,仿佛从方外骑着仙鹤到来，不亚于听到《韶》乐。

山鸟每夜五更喧起五次，谓之报更，盖山间率真漏声也。分韵题诗[1]，花前酒后；闭门放鹤，主去客来。

〔注释〕

①分韵：作诗方式之一，作诗时先规定若干字为韵，各人分拈韵字，依韵作诗。

〔译文〕

山鸟每晚五个更次都要按时鸣叫五次，称之为报更，这真是山间天然的报时声。分韵题诗联句，适合在花前酒后；关门放鹤，应该在主人离开客人到来之时。

插花着瓶中[1]，令俯仰高下，斜正疏密，皆有意态，得画家写生之趣方佳。

〔注释〕

①着：放在。

〔译文〕

把花插在瓶中，使其高下俯仰错落，斜正疏密相间，都有各自的韵致，得到画家写生的意趣为佳。

法饮宜舒[1]，放饮宜雅，病饮宜小，愁饮宜醉；春饮宜郊，夏饮宜庭，秋饮宜舟，冬饮宜室，夜饮宜月。

〔注释〕

①法：按照规矩。

〔译文〕

按规矩饮酒应当舒缓，豪放饮酒应当优雅，病中饮酒应当少量节制，愁中饮酒应当一醉方休；春天饮酒应当在郊外，夏天饮酒应当在庭院，秋天饮酒应当在船上，冬天饮酒应当在屋内，夜晚饮酒应当在月下。

甘酒以待病客，辣酒以待饮客，苦酒以待豪客，淡酒以待清客，浊酒以待俗客。

〔译文〕

甘甜的酒用来招待患病的客人，辛辣的酒用来招待善饮的客人，苦涩的酒用来招待豪放的客人，清淡的酒用来招待清雅的客人，浑浊的酒用来招待世俗的客人。

仙人好楼居①，须岧峣轩敞②，八面玲珑，舒目披襟，有物外之观，霞表之胜。宜对山，宜临水；宜待月，宜观霞；宜夕阳，宜雪月。宜岸帻观书③，宜倚栏吹笛；宜焚香静坐，宜挥麈清谈。江干宜帆影，山郁宜烟岚；院落宜杨柳，寺观宜松篁。溪边宜渔樵，宜鹭鸶；花前宜娉婷，宜鹦鹉。宜翠雾霏微，宜银河清浅；宜万里无云，长空如洗；宜千林雨过，叠嶂如新。宜高插江天，宜斜连城郭；宜开窗眺海日，宜露顶卧天风。宜啸，宜咏，宜终日敲棋；宜酒，宜诗，宜清宵对榻。

〔注释〕

①仙人好楼居：语出《史记·孝武本纪》："公孙卿曰：'仙人可见，而上往常遽，以故不见。今陛下可为观，如缑氏城，置脯枣，神人宜可致。且仙人好楼居。'"

②岧峣（tiáoyáo）：山高峻貌。

③岸帻（zé）：推起头巾，露出前额，形容衣着简率不拘。

〔译文〕

仙人喜欢居住在高楼上，山势高峻宽敞，八面通透，放眼望去，开阔胸襟，有世外的景色，云外的胜境。适合对着青山，靠近流水；适合待月升空，观赏云霞；适合欣赏夕阳，雪夜月色。适合衣着不拘地读书，倚着栏杆吹笛；适合焚香静坐，挥着麈尾清谈。江面适合看帆影点点，山色葱郁适合有云雾缭绕；院落适合杨柳依依，寺庙适合松竹长青。溪边适合打鱼砍柴，鹭鸶飞翔；花前适合美女娉婷，鹦鹉学舌。适合苍翠的雾气弥漫飘散，天上的银河清浅明亮；适合万里无云，晴空如洗；适合雨过千林，山峦如新。适合高插江天，斜连城郭；适合打开窗户眺望海上日出，适合托巾露顶卧享天风。适合长啸，适合吟咏，适合整日下棋；适合饮酒，适合赋诗，适合清夜连榻对谈。

杨花飞入珠帘，脱巾洗砚；诗草吟成锦字[1]，烧竹煎茶。良友相聚，或解衣盘礴[2]，或分韵角险[3]，顷之貌出青山，吟成丽句，从旁品题之，大是开心事。

〔注释〕

①锦字：此处指华丽的文辞。

②盘礴：伸开两腿随意而坐。

③角险：指文人采取联句、分题、分韵、禁体、唱和等形式赋诗，进行争奇斗险较量诗才的活动。

〔译文〕

杨花随风飞入珠帘中，脱去头巾洗净砚台；将诗的草稿吟成华丽的文辞，点燃竹子煎茶招待客人。好友相聚，有的解衣随意而坐，有的分韵赛诗，较量诗才，不一会儿描绘出青山，吟成佳句，在旁边观赏，确实是一件开心的事情。

小桥月上，仰盼星光，浮云往来，掩映于牛渚之间[1]，别是一种晚眺。

〔注释〕

①牛渚：指牛渚山，在今安徽当涂。

〔译文〕

月亮初上小桥，仰望天空中星光点点，浮云往来，掩映在牛渚山和长江之间，别是一种情趣盎然的晚眺。

明窗净几，好香苦茗，有时与高衲谈禅；豆棚菜圃，暖日和风，无事听友人说鬼。

〔译文〕

明窗净几，好香苦茶，有时与高僧谈禅；豆棚菜圃，暖日和风，没事时听友人说鬼。

花事乍开乍落，月色乍阴乍晴，兴未阑，踌躇搔首[①]；诗篇半拙半工，酒态半醒半醉，身方健，潦倒放怀。

〔注释〕

①踌躇搔首：《诗·邶风·静女》："爱而不得，搔首踌躇。"

〔译文〕

看花忽开忽落，月色忽阴忽晴，兴致未尽，搔首徘徊；诗篇半工半拙，酒态半醉半醒，身体正健康，便潦倒开怀。

湾月宜寒潭，宜绝壁，宜高阁，宜平台，宜窗纱，宜帘钩，宜苔阶，宜花砌，宜小酌，宜清谈，宜长啸，宜独往，宜搔首，宜促膝。春月宜尊罍，夏月宜枕簟，秋月宜砧杵，冬月宜图书。楼月宜箫，江月宜笛，寺院月宜笙，书斋月宜琴，闺闱月宜纱橱，勾栏月宜弦索，关山月宜帆樯，沙场月宜刁斗[①]。花月宜佳人，松月宜道者，萝月宜隐逸，桂月宜俊英,山月宜老衲,湖月宜良朋,风月宜杨柳,雪月宜梅花。片月宜花梢,宜楼头,宜浅水,宜杖藜,宜幽人,宜孤鸿。满月宜江边,宜苑内,宜绮筵,宜华灯,宜醉客,宜妙妓。

〔注释〕

①刁斗:古代行军用具。白天做炊具,晚上打更。

〔译文〕

水湾中的月亮,适合寒潭,适合绝壁,适合高阁,适合平台,适合窗纱,适合帘钩,适合长满青苔的台阶,适合花坛,适合小酌,适合清谈,适合长啸,适合独往,适合搔首,适合促膝。春天的月适合举杯对饮,夏天的月适合枕席卧看,秋天的月适合捣衣砧杵声,冬天的月适合图书。楼上的月适合箫声,江上的月适合笛声,寺院的月适合笙声,书斋的月适合琴声,闺闱的月适合纱橱,勾栏的月适合弦索,关山的月适合帆樯,沙场的月适合刁斗。花前的月适合美人,松间的月适合道士,藤萝上的月适合隐士,桂树间的月适合俊杰,山中的月适合老僧,湖边的月适合好友,风中的月适合杨柳,雪中的月适合梅花。弯月适合花梢,适合楼头,适合浅水,适合拄杖而行,适合隐士,适合孤雁。满月适合江边,适合庭院内,适合豪华的筵席,适合华灯初上,适合醉客,适合美艳的歌妓。

石上藤萝,墙头薜荔[①],小窗幽致,绝胜深山,加以明月清风，物外之情，尽堪闲适。

〔注释〕

①薜荔：木莲。

〔译文〕

石壁上爬满藤萝，墙头开满薜荔，小窗外幽雅别致，绝妙胜过深山，加上明月清风，仿佛世外的情境，尽可以使人悠闲安适。

出世之法，无如闭关，计一园手掌大，草木蒙茸，禽鱼往来，矮屋临水，展书匡坐[1]，几于避秦[2]，与人世隔。

〔注释〕

①匡坐：正坐。

②避秦：用晋代陶渊明《桃花源记》桃花源中人避秦祸的典故，文中称："自云先世避秦时乱，率妻子邑人，来此绝境，不复出焉。"

〔译文〕

超脱人世的方法，没有比闭门谢客更好的，开辟一个小的园圃，草木杂乱，禽鸟游鱼往来其间，低矮的茅屋靠近水边，打开书端坐，同桃花源中避秦乱的人差不多，与人世间隔绝。

幽居虽非绝世，而一切使令供具[1]，交游晤对之事[2]，似出世外。花为婢仆，鸟为笑谈，溪漱涧流代酒肴烹炼，书史作师保[3]，竹石质友朋，雨声云影，松风萝月，为一时豪兴之歌舞。情景固浓，然亦清趣。

〔注释〕

①使令供具：供使唤的人和备供的酒食。

②晤对：当面交谈。

③师保：古时担任辅导和协助帝王的官员，有师有保，统称师保。此处指老师。

〔译文〕

隐居虽然不是与人世隔绝，而一切供使唤的人和备供的酒食，以及交游会晤等事情，都像是超脱世外。花是奴仆，鸟为笑谈，溪水涧流替代酒肴烹炼，书史为导师，竹石为朋友，雨声云影，松风萝月，为一时豪放兴致的歌舞。情景固然浓郁，然而颇有清雅之趣。

蓬窗夜启，月白于霜；渔火沙汀[1]，寒星如聚。忘却客子作楚，但欣烟水留人。

〔注释〕

①沙汀：沙滩。

〔译文〕

夜晚打开茅舍的窗户，月光洁白如秋霜；渔火映着沙滩，天空中寒星如聚。这时已经忘了自己是客居他乡的游子，只迷恋这烟水美景。

无欲者其言清，无累者其言达。口耳巽入[1]，灵窍忽启。故曰不为俗情所染，方能说法度人。

〔注释〕

①口耳巽(xùn)入：用委婉的言辞卑顺谦逊地对人说话，使人入口入耳。巽，《周易》卦名。

〔译文〕

没有欲望的人，言辞清雅；没有牵累的人，言辞通达。用委婉的言辞卑顺谦逊地对人说话，使人入口入耳，灵窍忽然开启。所以说不被世俗感情沾染，才有可能教化众生。

临流晓坐，欸乃忽闻[1]；山川之情，勃然不禁。

〔注释〕

①欸(ǎi)乃：行船摇桨或摇橹的声音。

〔译文〕

清晨靠近江流而坐，忽然听到一阵摇橹的声音；于是想要登山临水之情，勃然而生。

如何清色界[1]，一泓碧水含空；那可断游踪，半砌青苔殢雨[2]。村花路柳，游子衣上之尘；山雾江云，行李担头之色。

〔注释〕

①色界：佛教语，三界之一。在欲界之上，无色界之下。有精美的物质而无男女私欲。

②殢（tì）雨：比喻男女之间的缠绵欢爱。

〔译文〕

如何能清净色界，一泓碧水映照着天空；如何能断绝游踪，半阶青苔引着细雨。山村里的花朵，山路边的柳絮，成为游子衣服上的尘渍；山间的雾霭，江上的彩虹，成为游子行李担头的色彩。

何处得真情，买笑不如买愁；谁人效死力，使功不如使过。

〔译文〕

什么地方能够得到真情实感，买得欢笑不如买得忧愁；什么人可以死心效力，任用有功的人不如任用有过的人。

芒鞋甫挂[①]，忽想翠微之色，两足复绕山云；兰棹方停[②]，忽闻新涨之波，一叶仍飘烟水。

〔注释〕

①甫：刚刚。

②兰棹：兰舟。

〔译文〕

刚刚挂起草鞋，忽然想起山腰处青翠的山色，又重新穿上草鞋奔走在山云中；兰舟刚刚停靠在岸边，忽然听到新涨的波浪声，一叶小舟仍漂荡在烟雾笼罩的水面上。

山馆秋深，野鹤唳残清夜月；江园春暮，杜鹃啼断落花风。石洞寻真①，绿玉嵌乌藤之杖②；苔矶垂钓③，红翎间白鹭之蓑。晚村人语，远归白社之烟④；晓市花声，惊破红楼之梦。

〔注释〕

①真：仙人。

②绿玉嵌乌藤之杖：指绿玉杖，传说仙人所用的手杖。唐代李白《庐山遥寄卢侍御虚舟》："我本楚狂人，《凤歌》笑孔丘。手持绿玉杖，朝别黄鹤楼。"

③苔矶：水边突出的长满青苔的石头。

④白社：《抱朴子·杂应》："洛阳有道士董威辇，常止白社中，了不食，陈子叙共守事之，从学道积久，乃得其方。"

〔译文〕

深秋的山馆外，野鹤悲鸣叫残了清夜的月亮；暮春的江园中，杜鹃哀啼叫断吹落花瓣的清风。去石洞中寻找仙人的踪迹，手持绿玉嵌乌藤的手杖；在长满苔藓的矶石上垂钓，头戴间或插有红翎毛的白鹭蓑。夜晚听到村中有人说话，远远归去白社的烟火缭绕处;早晨响起卖花声,惊破了红楼中人的幽梦。

案头峰石,四壁冷浸烟云,何与胸中丘壑;枕边溪涧,半榻寒生瀑布,争如舌底鸣泉[1]。

〔注释〕

①舌底鸣泉:品茶时茶汤经过口腔接触舌头底部,舌头底面缓缓生津,不断涌出细小泡泡的感受。这种舌下生津的现象,被称为"舌底鸣泉"。

〔译文〕

案头放置峰石观赏,四壁仿佛被云烟浸冷,如何比得上胸中自有丘壑;枕边靠近溪水涧流,瀑布使半榻生出寒意,怎么争得过好茶的舌底鸣泉。

晓入梁王之苑[1],雪满群山;夜登庾亮之楼[2],月明千里。

〔注释〕

①梁王之苑:即"梁苑",西汉梁孝王所建的东苑,故址在今河南开封。

②庾亮之楼:指庾公楼,在今湖北武昌。庾亮登楼赏月事,《世说新语·容止》载:"庾太尉在武昌。秋夜气佳景清,使吏殷浩、王胡之之徒登南楼理咏,音调始遒,闻函道中有屐声甚厉,定是庾公。"

〔译文〕

清晨进入梁苑,只见大雪铺满群山;夜晚登上庾公楼,看到明月映照千里。

名妓翻经，老僧酿酒，书生借箸谈兵[①]，介胄登高作赋[②]，羡他雅致偏增；屠门食素，狙侩论文[③]，厮养盛服领缘[④]，方外束脩怀刺[⑤]，令我风流顿减。

〔注释〕

①借箸(zhù)谈兵：典出《史记·留侯世家》："汉王方食，曰：'子房前！客有为我计桡楚权者。'具以郦生语告，曰：'于子房何如？'良曰：'谁为陛下画此计者？陛下事去矣。'汉王曰：'何哉？'张良对曰：'臣请藉前箸为大王筹之。'"箸，筷子。

②介胄(zhòu)：盔甲，此处代指武士。

③狙侩(kuài)：此处指商贾。

④厮养：奴仆。盛服领缘：穿着衣领有边饰的华丽礼服。

⑤方外：世俗礼法之外，此处指隐士、僧人或道士。束脩：干肉，指代礼物。怀刺：怀揣进谒的名片。

〔译文〕

名妓翻读经书，老僧酿制美酒，书生谈兵论战，武士登高作赋，羡慕他们增添了不少雅致；屠户吃素，商人论文，奴仆身穿华丽服装，隐士拜谒权贵，使我辈风流顿时减色。

梅称清绝，多却罗浮一段妖魂；竹本萧疏，不耐湘妃数点愁泪。

〔译文〕

梅花号称清雅至极，所以多出了赵师雄罗浮山醉卧梅下的故事；竹子本来就萧疏孤傲，耐不得湘妃的愁泪点点。

刘伯伦携壶荷锸，死便埋我，真酒人哉；王武仲闭关护花，不许踏破，直花奴耳①。

〔注释〕

①“王武仲闭关护花”三句：王武仲，晋宋时人，隐士。宋代周密《续澄怀录》记载：“王武仲隐居，羊欣相访。武仲曰：‘君子宜去，吾不可启关，恐踏碎满径落花。’欣嗟赏，久之而去。”

〔译文〕

刘伯伦身携酒壶，让人扛锸相随，说“死便埋我”，这是真正的嗜酒之人；王武仲关门护花，不许别人踏破满径落花，简直是一个花奴。

一声秋雨，一声秋雁，消不得一室清灯；一月春花，一池春草，绕乱却一生春梦。

〔译文〕

一声秋雨，一声秋雁啼叫，灭不得一室清灯；一月春花，一池的春草，绕乱了一生春梦。

夭桃红杏，一时分付东风；翠竹黄花，从此永为闲伴。

〔译文〕

艳丽的桃花杏花，一时都交给东风去打理；青翠的竹子和黄菊，从此永远是悠闲的伙伴。

花影零乱，香魂夜发，冁然而喜①。烛既尽，不能寐也。

〔注释〕

①冁(chǎn)然：欣喜微笑的样子。《庄子·达生》："桓公冁然而笑。"

〔译文〕

月下花影零乱，幽香在夜间散发出来，令人心生欢喜。直到蜡烛燃尽，也仍然无法入眠。

云落寒潭，涤尘容于水镜；月流深谷，拭淡黛于山妆。

〔译文〕

白云映照在清冷的潭水中，像在如镜的水面中洗涤被世俗污染过的容颜；月色在深谷中流动，像为山妆擦拭上淡淡的粉黛。

寻芳者追深径之兰,识韵者穷深山之竹。

〔译文〕

找寻芳草踪迹的人,找寻到长在深径幽谷中的兰花;真正懂得韵致的人,看遍深山中的翠竹。

花间雨过,蜂粘几片蔷薇;柳下童归,香散数茎簷葡[①]。

〔注释〕

①簷葡(yáobo):植物名,产自西域,花甚香。

〔译文〕

雨后花丛中,飞舞的蜜蜂身上粘了几片蔷薇;童子从柳树下归来,手中几枝簷葡散发着清香。

落红点苔,可当锦褥;草香花媚,可当娇姬。莫逆则山鹿溪鸥,鼓吹则水声鸟啭。毛褐为纨绮[①],山云作主宾。和根野菜,不让侯鲭[②];带叶柴门,奚输甲第[③]。

〔注释〕

①毛褐:毛皮衣服。

②侯鲭(zhēng):即五侯鲭。五侯,汉成帝同日所封母舅王谭、王商、王立、王根、王逢五人。《西京杂记》记载:“五侯不相能,宾客不能来往。楼护丰辩,传食五侯间,各得其欢心,竞致奇膳。护乃合以为鲭,世称五侯

鲭,以为奇味焉。”后用来指美味佳肴。鲭,鱼和肉合烹成的食物。

③奚:哪里。甲第:豪门贵族的宅第。

〔译文〕

片片落花点缀青苔,可以当作华丽的锦褥;芳草萋萋鲜花妩媚,可以当作娇艳的姬妾。山鹿溪鸥是莫逆之交,水声鸟鸣是鼓吹演奏。毛皮衣服当作华丽盛装,山间的浮云作为贵客。带根的野菜,味道不亚于侯鲭佳肴;带叶的柴门,哪里比不上豪华宅第。

野筑郊居,绰有规制。茅亭草舍,棘垣竹篱,构列无方,淡宕如画。花间红白,树无行款[①],徜徉洒落,何异仙居?

〔注释〕

①行款:书写或排印文字的行列款式,此处指树木的排列。

〔译文〕

在郊外建造房屋居住,宽绰而且有一定的规制。茅草搭建的亭子和房舍,荆棘筑成的院墙和竹子构成的篱笆,随意排列没有规划,淡雅如画。红花白花相间,植树没有行列,徜徉其中,洒脱不拘,和神仙住所又有什么不同?

墨池寒欲结,冰分笔上之花;炉篆气初浮[①],不散帘前之雾。青山在门,白云当户,明月到窗,凉风拂座,胜地皆仙，五城十二楼[2]，转觉多设。

〔注释〕

①炉篆：指香炉中的烟缕。因其缭绕如篆书，故称。

②五城十二楼：传说中神仙的居所。《史记·孝武本纪》："方士有言：'黄帝时为五城十二楼，以候神人于执期，命曰迎年。'"

〔译文〕

墨池因为天气寒冷想要结冰，冰凌分开毛笔下的生花文字；香炉中烟气开始升腾，帘前积聚起不散的雾霭。青山在门前，白云正当户，皎洁的月光映照在窗上，凉风习习吹拂着坐榻，美景胜地都是仙境，反而觉得五城十二楼是多余的。

何为声色俱清？曰松风水月，未足比其清华。何为神情俱彻？曰仙露明珠，讵能方其朗润[1]。

〔注释〕

①讵(jù)：难道。

〔译文〕

什么是声音颜色都清朗明洁？回答说：松间清风，水中明月，都比不上它的清秀美丽。什么是神色情态都透彻畅达？回答说：晶莹露珠，圆润明珠，哪里比得上它明朗润泽。

与客倒金樽，醉来一榻，岂独客去为佳；有人知玉律，回车三调，何必相识乃再。笑元亮之逐客何迂①，羡子猷之高情可赏②。

〔注释〕

①元亮：东晋陶渊明，字元亮。归隐后，有客来访，不分贵贱，有酒便设饮，若自己先醉，对客说："我欲醉眠，卿可去。"

②子猷：东晋王徽之，字子猷，王羲之第五子。《世说新语·任诞》载："王子猷出都，尚在渚下。旧闻桓子野善吹笛，而不相识。遇桓于岸上过，王在船中，客有识之者，云是桓子野，王便令人与相闻，云：'闻君善吹笛，试为我一奏。'桓时已贵显，素闻王名，即便回下车，踞胡床，为作三调。弄毕，便上车去。客主不交一言。"

〔译文〕

与客人觥筹交错，醉后共卧一榻，难道以客人醉后归去才好？有人通晓音律，调转车头演奏几曲，何必要等到相识之后再弹奏？可笑陶渊明醉后逐客是多么迂腐，羡慕王子猷情调高雅值得赞赏。

急不急之辨，不如养默；处不切之事，不如养静；助不直之举，不如养正；恣不禁之费，不如养福；好不情之察，不如养度；走不实之名，不如养晦；近不祥之人，不如养愚。

〔译文〕

急于辩解无关紧要的事情，不如保持沉默；处理不切实际的事情，不如保持安静；助长不正当的行为，不如修养正气；放纵不必要的花费，不如修养福分；喜好不合情理的考察，不如修养度量；追求不副其实的名声，不如韬光养晦；靠近不善的人，不如保持大智若愚。

诚实以启人之信我，乐易以使人之亲我，虚己以听人之教我，恭己以取人之敬我，奋发以破人之量我，洞彻以备人之疑我，尽心以报人之托我，坚持以杜人之鄙我。

〔**译文**〕

诚实待人，以使别人相信我；平易近人，以使别人亲近我；谦虚谨慎，以听取别人教诲；恭谨律己，以使别人尊重我；奋发图强，来打破别人轻视我；通达事理，以消解别人怀疑我；尽心尽力，以回报别人托付于我；坚持不懈，以杜绝别人鄙视我。